图解

中国传统服饰

春梅狐狸 著

U0291522

江苏凤凰科学技术出版社·南京

前言

　　这本书大概可视作我的学习笔记，以普通的传统服饰爱好者的角度写下来，它的趣味性会好一点，知识点会散一些，可以解答你的一些疑惑，可以给你一些启发。你可能会发现，它和你所看过的学习笔记有所不同，这是因为我曾听过一位学长谈论何为"我懂了"。我们都有坐在课堂上听课的经历，会发现老师说出来的那些知识点清晰易懂，但是下课铃响后就仿佛魔法被解除了，分明并未忘记什么就突然"不懂了"。因为我们只是听明白，并非我们"懂了"。所以我尝试将学习笔记以科普文章的形式写下来，希望我的读者可以真正露出"我懂了"的表情。

　　就这样偶然的，我开始写这些有关传统服饰的科普文。我很懒，但我一直鼓励自己要坚持。当然也要感谢网络时代，一些约稿让我的虚荣心获得了满足，又坚定了我坚持写下去的信念。虽然很多次都以为下一次会放弃，结果竟然跌跌撞撞走到了这本书的出版，何其幸运啊！

　　服饰是我们生活中的必需品，它需要穿着舒适、设计美观、场合得宜，还需要表达个性。但是我们对它走过的历程却知之甚少，一方面是因为它如同空气一般一直就在我们身边，反而让我们忘记去好好记录它，另一方面也是因为古装剧的热播，在我们还没建立起明确印象的时候就涌入了太多冗杂的信息。我们对过去的了解，从书本里得来的不免黑白得枯燥，从影视剧里得来的则绚烂得迷茫。有些疑惑稍纵即逝，希望本书可以帮你抓住曾经闪过脑海的探寻过去的冲动，让你可以在别人疑惑的时候也让他们露出"我懂了"的表情。

我喜欢传统服饰、学习传统服饰也超过十个年头了，我也曾相信"坚持就是胜利"，但我知道是服饰独特的魅力让我这个三分钟热度的人坚持至今。它左手牵着科技史，你可以看到我们的丝绸文明灿烂缤纷，而且拥有世界领先的科技及科技与艺术相融合的成就；它右手牵着社会史，你会发现其实我们的每一段历史都有服饰参与，你站在衣柜前挑衣服的过程，其实是另一种历史的痕迹。

作为一个着迷于服饰魅力的学习者，要说新发现，大约趋近于无吧，略有几个也不敢独占。服饰这片大地群山起伏，当云海升腾时，在白茫茫一片之上显露的才是令人仰止的奇峰。我所做的，大约就是那片云海，虽然本质只是微不足道的水分子和微尘，却拥有走遍群山的野心和筛选奇峰的胆量。作为学习笔记，大约就是交叉了许多前人的研究，重新去审视他们的论据和方法，记下他们的成果，以一种不那么枯燥晦涩的方式表达出来，甚至与一些影视剧和生活疑惑结合。这其实就是科普，不仅仅数理化需要科普，人文社科也一样。而科普是连接学者和大众的翻译。

如果这一切发生在五年前，我可能不愿意这么做，或者不愿意这样承认。因为这个领域很小众，小众的东西总是容易让人产生优越感。而且，我也的确很少遇到这个领域中和我做着类似工作的人，尽管我也是业余的，就像当跑道上的人寥寥无几时，你会无法判断自己是落后还是领先。所以五年前的我，大概会在前言里让自己看起来更学术些，而如今我能明白各自有分工。

学者们专注学术，穷尽一生希望让"巨人"再高一点点。而我提供学习笔记，然后翻译成如同本书所呈现的文章，抚平和满足求知的欲望、好奇的冲动。我无法预知打开这本书的人将会如何，不过也会幻想有人感到知识的餍足，幻想有人因此成为另一个写学习笔记的人，可能也会有人摔了这本书，愤而去书评里写下一段文字。不论是哪一种，都欢迎你来到传统服饰的世界，你不一定喜欢我，但你会喜欢它的！

希望我们从服饰窥见曾经的生活、曾经的美好，既不要妄自菲薄，也不要孤芳自赏。谢谢大家，并与大家共勉。

春梅狐狸

2018 年 10 月

目 录

【中国古代服装】

- 聊聊那些与服饰相关的文物　6
- 那些傻傻分不清楚的古装名称　14
- 原来你是这样的左衽　18
- 裤子的诞生：服饰史上的伟大发明　22
- 秦陵兵马俑的心愿：要一张彩色照片　26
- 灯俑身上被误解的曲裾　30
- 轻绝妙绝素纱襌衣　34
- 画像里的秘密：用服饰史知识判断年代　40
- "齐胸襦裙"几分是真？几分是假？　48
- 唐代女子是怎样一步步变胖的　50
- 神的视野：敦煌壁画　54
- 古人听了会发笑：天热穿唐朝服装，天冷穿明朝服装？　60
- 穿越到1488年：我们路过了大明的江南风烟　68
- 观察力的检验标准：马面裙　74
- 服饰史上一个误会：披风是斗篷　78
- 衣领：脖颈间的风流　82

- 别拿低俗当噱头：古代的内衣　88
- 嫁衣可不都是"凤冠霞帔"　94
- 氅衣衬衣：清宫娘娘们的"爆款服装"　98
- 清末的人们，穿着什么样的衣服迎来民国？　104

【中国近现代服装】

- 108　民国时期三份服制条例背后的风起云涌
- 112　时代与服装潮流
- 116　旗袍一出，便胜却人间无数
- 126　最具群众基础的近代服饰不是旗袍是马褂
- 130　民国女学生的"标配"：袄裙
- 134　民国男装和"民国范儿"

【妆容饰品器物篇】

· 束发与披发，不全是古装剧的错 140
· 帽子与簪花的趣闻 146
· 旗头：原来这么多年清宫剧都错了 160
· 古人脖子上的另类热闹：项饰趣闻 164
· 花扣：绽放在旗袍之上的传统符号 172
· "鹦鹉兄弟"的网红妆：这个腮红 176
有点萌

【衣料工艺篇】

· 解读诗词里的丝绸 180
· 绫罗绸缎的故事 184
· 一个字的鸿沟："宋锦"不是"宋 192
式锦"
· 丝绸向西，妆花向东——从经锦 194
到纬锦
· 解开经锦织造之谜 198
· 锁绣：古老而不苍老的刺绣工艺 202

【影视剧里的古装】

204 · 《凤囚凰》：造型怪相背后的文物真相
208 · 《陈情令》：揭秘抹额的真面目
212 · 《琅琊榜》：江左梅郎怕是冻死的
216 · 《琅琊榜之风起长林》里的明代首饰
220 · 《大唐玄奘》：唐代僧人的真实模样
224 · 《妖猫传》：满满的盛唐 bug
228 · 唐代影视剧里抹不去的日本影子
232 · 《清平乐》：有趣的宋代服饰细节
238 · 《大明王朝 1566》：高分也救不了的低星服饰
242 · 《海上牧云记》：身不由己的皇帝，欲罢不能的黄袍
246 · 《红楼梦》：服饰的困惑
250 · 《如懿传》：领约与金约
254 · 《延禧攻略》里的云肩：好东西并不都来自清宫

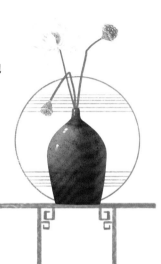

聊聊那些与服饰相关的文物

一般来讲，稍有名气的文物都难免会夺人眼球。

许多文物可以称得上"国宝"，却并不见得在服饰史上有价值。本节就大概聊一聊那些与服饰相关的文物，因为它们对服饰研究来讲是最有说服力的证据。

不过有一点需要注意，严格来说，文物仅反映其当时当地的情况，并不能武断地下定论，认为一件文物可以代表整个朝代的情形。比如明朝的凤冠，并不能因为其精美绝妙、华贵无比，就说它代表整个明代的凤冠都是这样，它只属于万历时期。

国宝中的国宝：

《首批禁止出国（境）展览文物目录》部分相关文物

这里介绍部分《首批禁止出国（境）展览文物目录》当中的国宝，不光是因为它们足够珍贵，也因为它们与服饰密切相关，不少在后文当中还会露面。

【战国】

战国中晚期的两幅人物帛画，虽然并无直接关联，却都出自长沙，皆有神秘色彩，并且是我国最早期人物画的代表。虽然线条极其简单，可以提供的服饰复原信息也很少，但是简单的笔触却能画出褶皱风流和人物的雍容大气，十分精妙。

图 1-1　战国《人物御龙帛画》

图 1-2　战国《人物龙凤帛画》

图 1-3　汉代"五星出东方利中国"护臂

图 1-4　西汉长信宫灯

【汉代】

这块"五星出东方利中国"护臂，由于文字实在太令人振奋了，令很多人惊叹"竟然真的有这种文物的存在"。据悉，它是出自新疆尼雅遗址。

这句话大概就是古人对于一种罕见星相的描述，说的是金、木、水、火、土五星同时出现了东方天空，但古人对此赋予了一定的占卜色彩。

在同一个墓还出土了一块文字为"讨南羌"的织锦残片，被确认和前者是同一织物。所以这些字可以连续读作"五星出东方利中国讨南羌"。

据《汉书·赵充国传》记载，汉宣帝神爵元年赵充国用兵羌地，宣帝赐书："今五星出东方，中国大利，蛮夷大败。"所以，这两块织锦很有可能就是这场战争的见证物。

不过，护臂除了其独特的文字，织造水平也远远大于普通的汉魏织锦，可被视作汉锦的代表（比一般织物更有颜值和内涵的代表）。

服饰史当然和织造的历史密不可分，并且后者还拥有更丰富的著述和更成熟的研究。很多人问服饰入门看哪本史书好。我觉得，如果有兴趣的话，倒不妨从织物入手，如丝绸史类书，选择余地更大，也可以了解更多显微角度下的服饰知识。

长信宫灯出土于满城汉墓，由于出土年代较早，加上本身的外观设计和内部结构精妙无比，简直是国民级家喻户晓的文物。

关于素纱禅衣，后面会详细介绍，这里不多说了。素纱禅衣共出土了两件，但这两件衣服究竟是外衣还是内衣尚无定论。

帛画和禅衣一样，同出土于马王堆一号墓，就是我们所熟悉的辛追墓。帛画或许表现了一个古人的世界观，从天上到人间再到地下世界，彩绘用色炽烈，魔幻而温柔。

【三国】

朱然墓出土了大量漆木器，其最大的意义是填补了汉末到三国时期的漆器史空白，而不是很多人以为的那样是证明了日本木屐来源于中国。

木屐的屐板基本呈椭圆形，趾部有一穿孔，根部有两穿孔，为系绊带所用，绊带均朽而不存。屐板髹黑红漆，剥落严重，残存漆皮为素面。

图1-6 三国（吴）朱然墓出土漆木屐

图1-5 西汉马王堆一号墓帛画

这个墓还有一件同样入选《首批禁止出国（境）展览文物目录》的，那就是贵族生活图漆盘。其实不只出土了一个盘子，还出土了大量类似的人物题材的漆盘。此外，这个墓出土的漆器涵盖了各种生活器皿，如餐具、酒具、家具、梳妆用具等。

带有人物形象的文物常常会被认为具有服饰史参考价值。然而学术上要做的首先是要甄别这个形象是否写实，因为有些题材是被反复演绎的。所以，如果它的故事情节在A朝代，它的蓝本源头在B朝代，又经过了C、D朝代的演绎，到了文物所处的E朝代，这件文物所反映的情况有多少可信度？

其次，则是要考量文物描绘的角度和保存的状况。别轻看文物里呈现的小小人物，可能当时绘画或制作的人随手一笔，就会给现在的学者们留下不少疑问，引起"这是一条褶皱还是一条装饰纹样，又或者是两件衣服的分界"等多种猜测。2D世界毕竟与3D世界隔着一道"墙"，所以更需要其他大量的形象或实物证据来佐证。

图1-7 三国（吴）朱然墓出土贵族生活图漆盘

【南北朝】

青海都兰吐蕃墓地出土了一块红地云珠日天锦，上面也有文字，与"五星出东方利中国"那块一样，同属于当时流行的平纹经锦。但其实类似这样的文物还有很多，都在锦上织出了吉祥文字，比如"长葆子孙""岁大孰宜子孙富贵"等。如果说"五星出东方利中国"是因为文字寓意很棒，那么这块又是为什么呢？

不知道你是否注意到了绵上的纹样，这才是它最有趣的地方。锦上连珠纹中间坐着的其实是"太阳神"，并且他是坐在车上，两边还有轮子呢！这是我国发现的最早有太阳神赫利俄斯形象的织片，所以它其实是丝绸之路上文化融合的重要证据！再认真看一看，可以发现这位太阳神的形象有些中国化，周围还有汉字，可见它不是外购产品，确实是文化融合的产物。

司马金龙墓是北魏琅琊王司马金龙与其妻姬辰的合葬墓。彩绘人物故事漆屏这件文物同时具备工艺美术和绘画的双料价值，上面的人物取材于历史故事。图中是最常见的两块，其实共有五块，可惜木质出土时腐朽严重，朝下的一面图案难以辨认了。

竹林七贤砖画是由300多块墓砖形成的阳刻图案，其实人物有八人，除了著名的竹林七贤，还多了春秋时期的荣启期。出土时为四人一组，分列东西两边。

图1-8　北朝红地云珠日天锦

图1-9　北魏司马金龙墓彩绘人物故事漆屏（局部）

图1-10　南朝竹林七贤砖画

砖画的工艺远比壁画或者墓室里的石刻要复杂许多，需要做到烧制拼合后依然保持画面的完整性，尤其这组图案表现了十足的隐士风格，还刻画了不同人物的特征，因此艺术性更强。

可惜的是，这批墓砖后来因为迁移不得不再次拼合，由于环境改变，墓砖收缩后无法再度像原貌那样拼合起来了。

北齐的娄睿是鲜卑人，他的墓葬壁画面积较大，且多戎马、出游题材，显示了鲜卑人的彪悍和骁勇。被禁止出国的只是其中的一部分。由于从发现到最终发掘有时间跨度，壁画揭取后又存放了一阵子才开始修复，所以修复后的壁画和初露状态有差距。

图1-11 北齐娄睿墓壁画《鞍马出行图》

【明代】

定陵是明代万历皇帝的陵寝，共合葬了两位皇后，分别出土了四顶凤冠。目前我们所见的凤冠，其实都是修复品，原件的帽胎和点翠大多已经腐朽，所以当时使用了大量翠鸟的羽毛来复制点翠构件。

图1-12 明代定陵出土 九龙九凤冠（局部）

图 1-13　江陵马山楚墓，奇迹就发生在这里

图 1-14　棺内的衣衾包裹（你有一个来自楚国的包裹，请查收）

图 1-15　江陵马山楚墓出土的部分衣物

江陵马山楚墓：交领衣褶自风流

传统剪裁最迷人之处莫过于那些自然的褶皱，交领衣褶自风流。这才是想象中楚服的风采，是不是？

然而，有实物证据吗？有。

江陵马山楚墓，严格来说是江陵马山一号楚墓，是一座我们聊到先秦服饰时绕不开的古墓。这座墓很特别，特别在它年代久远却保存完好。要知道，楚墓虽然屡有发现，丝织品也不算罕见，但是能成批出土完整衣物的墓却是个例。所以它对于研究楚国服饰意义重大，对战国服饰的研究也很重要。

有意思的是，考古学家推测这座墓的年代为公元前 340 年到公元前 278 年，差不多是屈原生活的时代。也就是说，很有可能屈原的服装就跟古墓里的服饰一样！

江陵马山楚墓的规模对于很多见惯了王陵大墓的人来说并不大，只有一棺一椁（棺椁是套在一起的）。出土的十几件衣衾也都是在棺内发现的，打开的时候，它们层层叠叠地包在墓主人身上，塞满了内棺。就是这仅有的十几件衣衾，大多保存完好，并且几乎涵盖了战国时期已知的所有织物（感觉墓主人是挑样本入葬的）。

据当时参与考古的工作人员回忆，发现此墓时是 1982 年的 1 月，天寒地冻，在野外清理外椁后，为了提取"荒帷"而将它切成了五块。当时大家还不知道此墓的保存状况，直到最终打开棺盖，透过缝隙看到的竟然是塞得满满当当的丝织物。为了最大限度保存这些两千多年未见天日的宝贝，它们被运回博物馆，慎重制定方案后才进一步提取。

考古报告的文字总是很平实，而它们背后反映出的心情则更有趣。除了可以想象的兴奋雀跃，考古人员的认真与谨慎更令我们钦佩。这一点只要看看他们是如何记录那一层层衣衾被打开的状况就知道了，那可真叫巨细无遗，生怕漏了一点点细节，又担心弄坏了它。

这种担心是有必要的，因为他们没有经验。很多人都听过关于那种文物"出土的时候是完整的，但是一碰就灰飞烟灭"的传说，这些丝织物也一样，外表看来像刚入葬的模样，实际上已经非常脆弱了。

有一段插曲，当时沈从文已经80岁了，已经完成了服饰史的定稿，但当他看到这批文物的时候，情绪激动的老人家竟然跪在这批织物面前——事实上，江陵马山楚墓的报告正是他题字的。第二年，沈从文将这座墓的发现增订进了《中国古代服饰研究》。

江陵马山楚墓出土的衣物共计有：绵袍8件、单衣3件、夹衣1件、单裙2件、绵袴1件，以及1件丧葬用的缝衣。

这其中，绵袴是一件非常重要的先秦袴实物，好像也是唯一一件。它的样子看起来像我们现在的开裆裤，但是因为裤腰较宽，所以穿起来可以交叠，并不会漏出来。两条裙子残损明显，但是形制可以大致复原，特点是没有打褶。虽然线图画得比较像梯形，但是报告里明确提到"展开后似扇形"，可见考古报告里的线图并不等于剪裁图，文字描述和实物照片都是非常重要的。此外，这里的裙子和所谓"交输"也没有任何关系，"交输"特点很明确，是"曲裾后垂交输""使一头狭若燕尾，垂之两旁"，不会是裙子的样子。

比较引人注目的还有那些绵袍和单衣。这些衣服的突出特点，一是平铺状态下都为直裾样式，二是衣长很长，都可以拖地了。墓主人软组织不存但是骨架还在，推定其身高约为

图1-16 江陵马山楚墓凤鸟花卉纹绣浅黄绢面绵袍，左为复原件，右为原件（图片来自中国考古网）

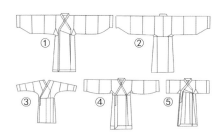

图1-17 江陵马山楚墓出土衣袍可以大致分为四种剪裁方式

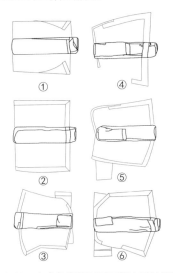

图1-18 衣衾包裹第五层至第十层展开图

图1-19 单裙线图

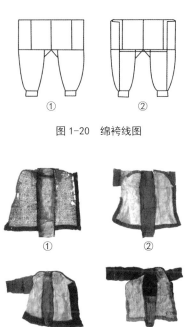

图 1-20　绵袴线图

图 1-21　逐层展开的衣衾，报告里记录得无比详细

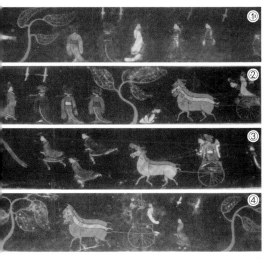

图 1-22　包山 2 号楚墓《迎宾出行图》

160 厘米，这些衣服最短的 140 厘米，最长的则有 200 厘米，穿上就是拖地的。还有唯一的那件残损严重的夹衣，是这里面最短的一件，也长约 101 厘米，算是个中长款了。

我们接触到的古代服饰大多是明清时期的，基本可以从衣长反推主人身高，因为那时的衣长和主人的身高不会有太大出入。然而先秦的起居习俗与后来迥然不同，贵族的衣着拖地是很正常的，连腰身都很肥，袖子也很长。就是说，这样的衣服穿着不仅会拖地，还会到处堆褶皱。古装剧里那些古风服饰虽然和现代服饰不同，但是思维也多停留在明清时期（甚至当代），衣服虽然略为宽大，但也不会夸张到那个样子。然而江陵马山楚墓为我们展示了一种完全不同的穿衣方式。那件长到拖地的"巨无霸"，看报告恐怕很难想象是什么效果，但如果复制出来真正穿在身上，才会发现它的穿着效果格外美。

虽然马山楚墓的衣服平铺看都是直裾，但是通过穿着方式可以形成类似曲裾的效果：由于衣服腰身较宽，所以多余的部分会拉到身后。马山文物中有一个着衣俑，虽然没有袖子和手，但正好保留了下半身的模样，穿法正是如此（后文还会有关于直裾和曲裾穿着效果的相关具体论述）。无论是拖地，还是这种比较特别的用直裾穿出曲裾的效果，都可以与一些出自楚墓的图像资料相互印证，说明楚国贵族当时的确流行这样的衣服以及穿法。

所以，现在你能否理解"交领衣襦自风流"这句话了？一件好看的衣服，设计、制作是一方面，穿在身上则是另一方面。甚至可以说，穿着方式是完成服装的最后一步，也是最重要的一步。衣服在有形与无形之间，却疏而不散、松而不垮，这是极具东方思维的服饰美学。

那些傻傻分不清楚的古装名称

如果你对古装感兴趣，并且有一定了解的话，想必你会听过直身、直裰、直裾、道袍、深衣等名词。你知道它们都是什么样的衣服吗？你是否在看到这些词的时候脑海里会产生疑惑呢？

如果有疑惑的话，其实是正常现象。因为这些名词虽然在谈及古装的时候经常出现，但是由于使用的人有时不够严谨，很多时候用得不准确，距离事实有很大偏差，甚至有时还存在杜撰的部分。所以，看待这个问题首先要摒除你的固有思维。

其次，由于有些词语容易望文生义，就如"道袍"，不知道的人就会把它直接理解成道士之袍，所以要注意这样的词其实是专有名词，不要随意拆开理解。

最后，很多词往往不是一词一物，在不同的时代有可能所指的是不一样的物品，甚至只是语境的变化都可能带来词语指代的不同，所以必须具体时代具体场合具体看待。

好了，做好了以上的准备，下面就正式进入这些糨糊般的"名词世界"。

图 1-23　你知道这件衣服叫什么吗？
答案请看后面

图 1-24　《皇都积胜图》中路上人所穿多为直裰或道袍

道袍与直身

　　道袍和直身非常相似，在很长时间里大家都分不清楚它们的区别，就连明人自己也经常混淆（毕竟古人也是普通人啊），后来依据《酌中志》中的记载才弄明白它们有什么不同："直身，制与道袍相同，唯有摆在外。"

　　就是说，两者均为交领长袍，两侧开衩有摆。区别在于，道袍的摆在内，而直身则像圆领袍一样，摆是在外面的。以此推论，直身的穿着场合应该比道袍更加正式一些。

　　在《徐显卿宦迹图》里可以看到，直身使用场合与圆领袍相似。圆领袍可以缀补子，直身也可以缀补子，且圆领袍属于常服，而道袍则是便服，所以这印证了直身所用场合或许高于道袍的猜测。

　　这里提醒一下，"常服"也是一个专有名词，不能望文生义，以为指的是"平常之服"。恰恰相反，作为专有名词的"常服"是指常朝之服，所以它其实是一种礼服。那什么才是我们以为的那种"平常之服"呢？这个词是——便服。

图 1-25　《徐显卿宦迹图》中的直身

图 1-26　《徐显卿宦迹图》中的圆领袍

变化中的直裰

　　如果你读过《西游记》的话，是不是会觉得直裰听着有些耳熟……

　　那道童穿的一领葱白色云头花绢绣锦沿边的鹤氅，真个脱下来，被行者吹一口仙气，叫："变！"即变做一件土黄色的直裰儿，与他穿了。却又拔下两根毫毛，变作一个木鱼儿，递在他手里道："徒弟，须听着，但叫道童，千万莫出去；若叫和尚，你就与我顶开柜盖，敲着木鱼，念一卷佛经钻出来，方得成功也。"

　　　　　　　　　　　　　　　　　　　　　　　　　——《西游记》

图 1-27 永乐宫壁画中左衽的僧道服饰

没错，直裰确实与佛教有关系，不过在"世俗世界"中，一般认为直裰是两侧开衩且无摆的一种衣服，与有摆的前面两者相比，穿着的层次还要再低一级。在一些画像里，那些仆役或庶民所穿的衣服很有可能就是直裰。

但是根据一些记载来看，直裰早期很可能不是现在定义的这个样子，而是类似那种上下分裁、下半身打褶的样式。这就回到了前面所说的，直裰也是佛教服饰词汇，一些明人小说里提到的直裰很有可能指的就是这种分裁打褶的衣服，而非通裁开衩的直裰。

其实僧人服饰整体来看，在唐朝几乎完成了汉化的过程，而直裰则有可能是完成汉化之后一个简化的结果。在成书于元代的《敕修百丈清规》卷五中有这样的记载："相传，前辈见僧有偏衫而无裙，有裙而无偏衫，遂合二衣为直裰。"就是说，在那之前，已经有人将原本不相干的偏衫与裙缝合为一，做成类似连衣裙的长衣了，这就是僧人穿的直裰。

如果你对服饰的了解再深一点，有可能还听过另一个词：直缀。这是什么？直裰的"亲戚"么？还是错别字？

可能确实有误写的情况，另外还真有"直缀"这么个词，不过不是中国的衣服，而是日本僧人的服饰。这种衣服是分裁并打褶的式样，接近于早期直裰的样子。

这里有三点需要说明：首先，虽然样式有些相似，但日本直缀很难说就是直裰的亲戚，它们本就是不同宗的，直缀只是保留了分裁打褶的形式，并不等于和当时中国的直裰一样。其次，和直裰相像的不只有日本直缀，还有中国古装中另一种衣服"贴里"。它们都是分裁打褶的样式，但应是从不同源头发展而来的，具体款式、适用场合和流行时间有所不同。再次，道袍和直裰在画像里很相似，有时难以分辨，但它们的确不是同样的衣服。

充满执念的深衣

深衣有浓重的儒家背景，历代大儒对考据深衣都有很深的执念。根据考据不同，又分成朱子深衣、江永深衣等，但这些考据很多是文字或简单图片，转化成具体实物便有所不同。

考虑到《礼记·深衣》的成书年代，后世这些大儒们所考据出来的深衣可能都有问题。由于缺乏当时的服饰文物，加上每个人对文献的解读不同，对于《礼记》所载的深衣究竟是什么样子，至今仍有争议。

明代也有深衣，容像和出土实物都有，和上面大儒们解读出来的又不一样了，用途也有所不同。

明代深衣与前面所讲的道袍那些衣服的不同之处在于，它是浅色衣身，深色缘边，上下分裁，下半身拼幅，多搭配幅巾。深衣的地位很特殊，并不是日常服饰，而是在一些儒家色彩的仪式场合穿着，所以并非人人都穿深衣。

图 1-28　明代深衣画像

图 1-29　《荟雅南州》（广东省博物馆藏）

直裾、曲裾不是衣服

和上面的那些词不同，直裾和曲裾其实并非一种衣服款式的名字，而是一种衣襟样式。所以一般只会有"直裾袍""直裾禅衣""曲裾深衣"这样的称呼，并不会直接用"直裾""曲裾"来表示某个款式的衣服。

又因为一般衣襟基本都是属于直裾的，所以除非为了区别于曲裾，不会特别表示出来。《说文》里说"直裾谓之襜褕"，就是说襜褕一般是直裾的，然而襜褕除了直裾还有没有其他式样，目前尚不明了，所以直裾的使用范围也有待商榷。

除了上面所说的，还有两点需要注意：首先，服饰史中同名不同物的情况很多，必须加以区分年代和场合才能精确认定指的是哪种服饰。不论详细情况"一把抓"地进行解释的办法并不可取。其次，不同时期的古人也会对服饰进行考证，并对文献加以注解，然而古人的考据结果并不完全正确。古人也是平常人，有些相近的东西，即便是当时的古人自己也常犯糊涂，所以对古人写下的东西不能盲目相信。服饰史上的名物考证没那么容易。

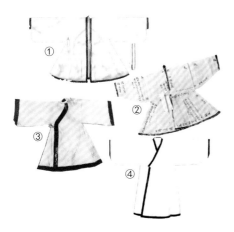

图 1-30　它们都是深衣（其中图①和图 1-23 是同一件衣服），却各不相同

原来你是这样的左衽

很多人看古装剧最喜欢纠结两个问题：头发是不是扎起来，衣襟是左衽还是右衽。本节就讲讲左衽的问题。

左衽的意思

左衽的问题主要出自孔子这段话，"披发""左衽"这两点都被提到了。

子曰："管仲相桓公，霸诸侯，一匡天下，民到于今受其赐。微管仲，吾其被发左衽矣。岂若匹夫匹妇之为谅也，自经于沟渎，而莫之知也。"

——《论语·宪问》

衽谓衣衿。衣衿向左，谓之左衽。夷狄之人，被发左衽。言无管仲，则君不君，臣不臣，中国皆为夷狄，故云"吾其被发左衽"也。

——《论语注疏》

从这两段话可见，左衽代表"夷狄"。儒家的另一本经典《礼记》则提到了左衽的另一个意思，表示去世的人。

图 1-31 三星堆青铜大立人：像不像左衽？其实这是"右袒"

小敛大敛，祭服不倒，皆左衽结绞不纽。

——《礼记·丧大记》

图1-32　江陵马山楚墓小菱形纹锦面绵袍

"皆左衽"者，大敛小敛同然，故云皆也。衽，衣襟也。生乡右，左手解抽带便也。死则襟乡左，示不复解也。"结绞不纽"者，生时带并为屈纽，使易抽解。若死则无复解义，故绞末毕结之，不为纽也。

——《礼记正义》

不难发现，这些几乎都来自于儒家主张。然而后来的两千多年，中国人真的一直遵守这项穿衣原则吗？历史上服饰左衽、右衽的真实情况又是如何呢？

左衽服装的古与今

春秋战国时期，周围的部落大致按照方位分为戎、狄、蛮、夷。孔子那段话里提到的管仲所辅佐的齐桓公主要面对的是南方的楚国和北方的山戎。

按照记载，山戎应当是一支颇为强大的游牧民族，并没有留下更为确切的史料，自然也就没有关于服饰的记载，也就无从得知左衽还是右衽了。

楚国的情况则复杂一点，因为很多人认为以楚国的文明程度，是不应该算作蛮夷的。但是在史书里，当时的人确实把他们当成蛮夷，甚至楚国人自己也以蛮夷自居。但是楚墓发掘的不少文物可以证明，楚人右衽是无疑的。

可见就连孔子自己所处的那个时代的夷狄也不都是左衽，那后世的情况就更可想而知了。

总体来说，中国古代服饰若出现交叠，右衽的情况比较常见，是出于方便还是习惯，又或者是儒家主张的规则，大家可以自己判断一下。

导致现在很多人大惊小怪的左衽，往往出现于明代，并且集中于明代前期的女装上。这是因为明朝前面的辽金有这样的穿着习惯，然后被延续下来了。反观元代的蒙古人却是无论男女都是右衽。

15世纪的朝鲜人崔溥在他撰写的《漂海录》里明确记载了1488年明代服饰的情况。

图1-33　成吉思汗像

图1-34　元世祖后像

江南人皆穿宽大黑襦裤,做以绫、罗、绢、绸、匹缎者多;或戴羊毛帽、黑匹缎帽、马尾帽,或以巾帕裹头,或无角黑巾、有角黑巾、官人纱帽,丧者白布巾或粗布巾;或着靴,或着皮鞋、翁鞋、芒鞋;又有以巾子缠脚以代袜者。妇女所服皆左衽。首饰于宁波府以南,圆而长而大,其端中约华饰;以北圆而锐如牛角然,或戴观音冠饰,以金玉照耀人目,虽白发老妪皆垂耳环。江北服饰大概与江南一般,但江北好着短窄白衣,贫匮悬鹑者十居三四。妇女首饰亦圆而尖如鸡喙然。自沧州以北,女服之衽或左或右,至通州以后皆右衽。

——《漂海录》

崔溥本人就是一个非常恪守儒家伦理的人,对于左衽右衽极为敏感。所以也就不奇怪为什么他会记下这点,而不是明代人自己——因为明人习以为常了。

崔溥的记载同时也说明一件事,左衽、右衽是不具备全国统一性的,只是一时一地的服装习俗而已。

此外,现行的西式服装也是有左右相叠区别的,换算成左衽右衽的理念,恰好是明代前期常见的"男右女左"。

我们可能都错解左衽

前面所说的都是建立在左衽解释为衣襟交叠顺序的基础上,但如果左衽根本不是这个意思呢?

顾颉刚先生就曾提出左衽的"衽"根本不应该解释为衣襟,而是指衣袖。他的依据

图 1-35　明代夫妇容像,可以看出来"男右女左"

是许多提到"衽"的文献里根本全是一些衣襟不可能做到的事。

二八齐容,起郑舞些。衽若交竿,抚案下些。竽瑟狂会,搷鸣鼓些。

——《楚辞·招魂》

衣摄叶以储与兮,左衽挂于榑桑;右衽拂于不周兮,六合不足以肆行。

——《楚辞·哀时命》

被发文身,错臂左衽,瓯越之民也。

——《战国策·赵策二》

此外，"衽"如果解释为"裳"的话，也可以达到顾颉刚先生提到的衣襟做不到、衣袖却能做到的效果。

> 朝玄端，夕深衣。深衣三袪，缝齐倍要，衽当旁，袂可以回肘。长中继掩尺。袼二寸，袪尺二寸，缘广寸半。以帛裹布，非礼也。
>
> ——《礼记》
>
> 衽，谓裳之交接之处，当身之畔。
>
> ——《礼记正义》

这两个解释加上前面我们默认的那个，其实是三种完全不同的服饰状态。

顾颉刚先生主张的是左衽等于左臂穿袖，其实就是"右袒"。这种服饰状态比较古老，许多民族早期都有这种服饰，只是左右会略有不同，一般来说哪只手比较常用就袒哪边。而解释为"裳"的话，则有可能描述的是将下摆向某个方向扎束。

我们现在对于左衽的理解来自于后世注解，但服饰的形制此一时彼一时，哪怕有图像资料辅助都难以完全解释，更何况年代久远，起居方式经历了很大的变革。此外，若无注解，就算是古人，对先秦经典也会看不懂。所以左衽到底是什么意思，恐怕仍有讨论的空间。

其实，"披发左衽"里的"披发"也是有争议的，不是简单的"披散头发"的意思。有人觉得是"辫发"的意思，也有人觉得是"断发"的意思，还有人觉得只是不戴冠——看，哪个问题都不简单。

还有左衽那个关于大殓小殓的说法，其实只要随便找几个墓葬报告看看，就能发现这一条也不准确，毕竟考古专家不可能专挑和儒家主张作对的墓来发掘。

左衽的问题出在哪？

既然如此，为什么很多人喜欢挑古装剧"披发""左衽"的问题呢？实在是因为这两个知识点最简单不过了，而且一目了然。

现代人以为"左衽""右衽"是不可行差踏错的雷区，其实就跟崔浩差不多吧。想象一下，崔浩本来满脑子"华夷之辨"，结果却看到一个完全没怎么当回事的明朝。然后几百年后我们却好像突然"开窍"了一般，对这个认真起来了，不知道那些左衽的明朝人是个什么想法……

图 1-36　日本僧人雪舟所绘明人衣着，他于公元 1467 年至 1469 年来到当时的中国

裤子的诞生：服饰史上的伟大发明

如今在我们的生活里，不穿裤子几乎是一件不可想象的事情。裤子让我们活动方便，为我们防寒保暖，是我们居家出行必备的衣物。

然而关于裤子的起源，不免流传一些不雅的段子。最有名的莫过于"西汉霍光为了让自己当皇后的外孙女得宠，发明出裤子让其他后宫女人穿着"的故事。

> 光欲皇后擅宠有子，帝时体不安，左右及医皆阿意，言宜禁内，虽宫人使令皆为穷绔，多其带，后宫莫有进者。
>
> ——《汉书·外戚传》

穷绔？是不是听起来很奇怪，后人就给这个词写了一个备注："穷袴前后有裆，使不得交通。"意思就是说，这种裤子有"裆"。

从这点出发，人们就脑补了很多信息，比如：既然这个时候裤子才有裆，那是不是在此之前的女人不穿裤子？还是只穿开裆裤呢？由于有些人对裤子的历史不是很了解，因此就产生了误解，甚至还有人不懂装懂地乱科普，结果就弄成了现在很多人以为的那样：衣服的下摆绕好多圈圈，就是为了弥补裤子的不足而存在的。

图 1-37　杏黄色菊蝶纹实地纱画虎皮纹夹套裤

图 1-38　福州茶园山南宋墓出土的宋代女性的合裆开衩裤

图1-39　绣花棉布裤

图1-40　江陵
马山楚墓出土
的开裆裤

图1-41　藕荷色大洋花纹
暗花缎有腰夹裤（故宫博
物院藏）

就这样，由于裤子不像外衣那样说起来没有过多顾虑，再加上里面存在不少误解，结果古人的裤子似乎就成了一桩讳莫如深的悬案。更可笑的是，甚至还有人认为一直到宋代，古人都还没穿上裤子。要知道，以如今裤子的普及程度，说人家不穿裤子，绝对比直接说他裸奔严重多了。

其实古人的裤子的确可以分为开裆裤和合裆裤，还有一种现代人可能会称之为护腿、套裤的连裤裆都没有的裤腿。但是它们之间是没有"你死我活"的关系的，在很长时间里它们以组合方式穿在古人的身上，就跟我们现在既穿内裤又穿秋裤还穿外裤一样。

这些似乎都是裤子，但是又和我们现在的裤子有一些区别。我们现在的裤子至少要具备裤管、裤裆和裤腰这三要素，而古代的裤子就复杂多了，就连表述的用词也大相径庭。

比如袴，也作绔（就是"纨绔子弟"的那个"绔"），《说文解字》里解释："袴，胫衣也。""胫"就是从脚踝到膝盖这一截，所以"袴"是个类似套裤一样的东西。那它就不能真是条裤子吗？倒也不是不能，可以尝试一下，比如遇到这句"孙略冬日见贫士，脱袴遗之"，如果你把"袴"理解成现在的裤子，那么这情形就略显尴尬了——怎么能见人就脱裤子呢！

再比如裈，《急就篇注》里说"合裆谓之裈"。《释名》则说："裈，贯也，贯两脚，上系腰中也。"意思是说"裈"不仅有裤裆还有裤腰，整体结构已经很像现在的裤子了。清代郝懿行《证俗文》里说："古人皆先着裈而后施袴于外。"这比较像内裤的意思，当然古人的内裤绝对没有现在这么迷你，就连民国时期的内裤都还没有现在这种小小的。竹林七贤里的刘伶在自己家里裸奔，有客人看不惯而责备他，他说："我以天地为栋宇，室屋为裈衫，诸君何以和我裈中？"这里如果不知道"裈"是有内裤的意思的话，这句话的妙趣就少了许多呀！后来合裆裤子成了主流，"裤"这个字其实就是"裈"的变体。不过这都是后话了。

当人们争论裤子起源的时候，往往忽略了一个很大的前提，那就是服装是有实用性的，不管是保暖还是防护。比如裤子，它一定是为了某种需要而被发明出来，后来才一步步变成现在的样子的。那么古代什么样的人最需要裤子呢？骑马的人。所以"游牧民族发明了最早的裤子"一直是一个公认的观点，只是大家都很难找到所谓"最早"的证据。有了"最早"才好讨论传播路线嘛。

骑马，尤其还要骑马作战，那么这人是很需要裤子保护他的大腿内侧和生殖器的。此时，最佳的选择无疑就是裤子，但是那个时候的人们，不仅仅是我国这片土地，全世界大多数人还是穿长袍之类的衣服。虽然裤腿可能已经有了，但是骑在马上作战的时候，明显裤裆才是最重要的呀！所以这条裤子必然还要有裤裆，那就几乎和现在的裤子一样了。

图 1-42　新疆出土的瑞兽纹文句锦缘毛布裤

图 1-43　黄缠枝莲暗花缎夹裤复制件（定陵博物馆藏）

图 1-44　清末的一条女裤

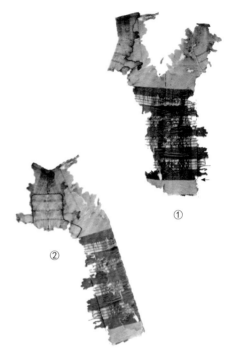

图 1-45　新疆洋海墓地一条保存较好的裤子

图 1-46　新疆吐鲁番洋海墓地出土有裆裤子的残片（见《新疆吐鲁番洋海墓地出土有裆裤子研究》）

　　所以大家在找的就是这样一条"最早"的有裤裆的裤子。中国最早的裤子是几年前在新疆吐鲁番洋海墓地发现的，而再之前那个保持中国"最早"纪录的裤子是在新疆哈密出土的。那地方就在火焰山附近，天然气候十分有利于保存文物。

　　这个墓里这样的裤子有两条，图 1-45 展示的是其中保存较好的那条。两条裤子都呈现裤脚纤细而裤裆宽松肥大的样式，和现在骑马裤子的设计思路很有几分相似。经过碳 14 的测定，距今有 3000 至 3300 年，可以说是十分古老了。并且从陪葬物品看，墓主人不仅骑马，还可能是一个战士。这两条裤子的结构很简单，都是使用羊毛为原料做成的，裤腿分别是两个长方形，裤裆则是一块梯形的布，上面还有装饰。大大的裤裆方便腿部活动，可以说兼顾时尚和美观。

　　洋海古墓出土的裤子目前是我国"最早"的裤子，但它究竟是不是世界上"最早"的裤子还有疑问，不过它可能是目前世界现存经过科学测定的"最早"的裤子。

　　其实我们身上任何一件衣物，都是走过长长的历史才发展成如今的模样。剧烈的时代变化，令我们很难用自己的生活经验去推测古人是如何穿着它们的，但是它们依然像一条温暖的线，牵着岁月的两头：这里是年轻的我们，那里是曾经年轻的他们。

秦陵兵马俑的心愿：
要一张彩色照片

长久以来，我们养成了一种习惯，那就是一厢情愿地以为色调昏暗、饱和度低的东西才显得古朴真实。很多影视剧也受到这种观点的影响，比如《大秦帝国》的服装就很"古朴"。仿佛只有这样才符合人们的普遍心理，而明艳的高饱和度色彩仿佛与"历史"两个字不搭调，只能出现在"戏说"当中，"正剧"里是万万不能出现的。

其实这两种极端的色彩搭配，根据服饰考据来看，都同样不符合历史，只不过一个"古朴"得迎合了观众心理，一个则"绚丽"得张牙舞爪。

之所以大家会认为历史的色彩那么昏暗厚重，恐怕与出土文物有关系。由于文物特别是出土文物的保存条件在客观上有限制，它们往往会失去或改变其本身的颜色。比如敦煌壁画里现存的很多颜色并不等于当年绘制时的颜色。

图 1-47　兵马俑身上有彩绘

古人能得到的颜料多为天然颜料，本身并不一定稳定，用来绘画可能会因发生氧化而变色，用来染布则色牢度堪忧，更不要说还有千百年间外界环境的变化带来的影响。也就是说，生活在色彩十分易得的现代社会的我们，苦苦找寻的是一分冷漠清淡，而古人追求的却可能正是我们不屑一顾的五彩缤纷。

图 1-48　秦陵兵马俑

　　说到这里，本文的主角秦始皇陵兵马俑还没出场呢。不过，我们这里不是想聊兵马俑到底是秦始皇的"手办"，还是这几年特别红的宣太后的陪葬品——当然现在的考古结论基本上都是倾向于前者，后面的说法大概是之前一个为了博眼球而不那么严谨的谬论吧。

　　现在提到秦陵兵马俑，大家多多少少都了解它本身应该是有色彩的。然而因为保存的状况也欠佳，所以现在大多数站在那里的兵马俑都是灰蒙蒙的，这也构成了大家的基本印象。因此，当完全上好了颜色的复制品展出的时候，反而让许多人感到失望——毕竟看了那么多年黑压压一片的磅礴严肃，突然发现它们本身竟然如此"千娇百媚"，这落差的确有些难以接受。

　　对于这个颜色，经常有人牵强附会地用"五行水德"那一套理论说是因为秦代尚黑，然而彩色兵马俑的出现打破了这个偏见，人家分明也很喜欢五彩缤纷啊！

　　考古发现，秦陵兵马俑至少有朱红、枣红、紫红、粉红、深绿、粉绿、粉紫、粉蓝、中黄、橘黄、黑、白、赭等十几种颜色，而且早在1988年出版的《秦始皇陵兵马俑坑一号坑发掘报告 1974—1984》中，就已经多处提到了"兵马俑为彩绘"的事实。这份报告还统计了陶俑身上不同部位残存色彩的频次，可以说为我们后来能够看到彩色复制品打下了理论基础。

　　与传言里说的兵马俑出土几分钟就失去颜色不同，秦陵兵马俑可能本身残存的色彩状况就不太好。造成这一结果的主要原因是，它们深埋地下几千年，经历过多次浸泡及焚烧，甚至建成之初可能就已经遭遇过破坏。

图 1-49　兵马俑群像

　　此外，色彩的掉落也和工艺有关系。要知道，兵马俑的彩绘是完成它的最后一个步骤，其过程大概是：陶面处理—表面粗化—施彩。当年为了让彩绘更好地附着，采用了一些粗化工序。而秦俑从漆底层到颜料层的色彩，都会因为时间推移而失去它本身的附着力。不少彩绘本身就是多层色彩，所以我们可以看到很多残存的色彩是随着泥土一起剥离的。

　　了解了这些，就知道我们看到的那许多没有色彩的兵马俑，往往是出土的时候就已经没有颜色了，并不是当时出土了一个彩色兵团，然后因为空气一氧化，就突然都被"一键去色"了。事实没那么玄。

图1-50　兵马俑出土时身上有彩绘

由于彩绘一开始发现的就很少，发现之后就开始注意保护了。1990年我国相关工作人员还与德国专家合作，用残片做了很多试验，目的是增加彩绘与陶俑之间的附着力。但是彩绘本身就很罕有，技术上的突破只能促进彩绘兵马俑的保护，并不能让本身没有颜色的兵马俑自己长出一身颜色来。

正如只有黑白两色的熊猫想要一张彩色照片一样，兵马俑也很想要啊！

实际上，秦陵兵马俑也不是只有颜色而已，在一些俑上还发现了十分精美的表现当时织物纹样的彩绘。

我们现在能在博物馆看到的一些彩绘陶俑头部，往往是经过保护处理的。面部本身就是兵马俑色彩比较厚的地方，所以相较而言保留下来的就比较多。然而至今也没有出土过一尊完整色彩的陶俑，所以展出的那件只是一尊彩色复制品，这不能不说是一种遗憾，一如维纳斯的断臂。

不过，往好的方面想，秦陵兵马俑的发掘并非是全部的部分，或许在那片未开掘的地方藏着奇迹呢。

灯俑身上被误解的曲裾

平山战国中山王墓出土了一个灯俑。

有人十分惊讶，这个灯俑穿的衣服，为什么那么像和服？

其实，很多人对其他国家的服饰只有一个模糊而单一的印象，就比如现代和服。你大概见过许多不同的和服形象，但可能并没有深究其细节，所以最后它们在你的脑海里混杂成了一个模糊的形象。从这个模糊的形象里，大脑提炼了一些便于记忆的节点，比如发髻、袖子、腰带等。于是，当眼前灯俑的一些特点与那些关于和服记忆的节点相吻合时，就难免产生误会。

然而灯俑的实际情况又是如何呢？真的跟现代和服是一样的吗？

总结一下它在视觉上与现代和服相像的地方，大约有以下几点：发髻呈现三个起伏，很像日本女性发髻；领子很平（没有包裹住脖子）；腰带很宽；下摆有"入"字形开口，很像日本和服在行走时呈现的状态，也被许多人当作这是"曲裾"的证据。

实际上这里面有一些是因为我们观察不仔细而产生的误会，例如发髻。日本岛田髻的凸起是由于梳头方式形成的，而灯俑发型中间的凸起与岛田髻的产生原理根本不一样，二者背面的模样也截然不同。

图 1-51　战国中山王墓银首男俑铜灯

图1-52　从上至下依次为：灯俑的发型（背面）、带钩、腰带、衣服的下摆以及衣服的背面

还有因为服饰类似的成型原理而导致的误会。由于和服的平铺状态为浅交领，但是穿着状态下交领的角度却增大了，这种穿着过程中对服装本身的拉扯，导致了这样特殊的领子形态。而这个灯俑的情况也是类似的力学作用于服饰产生的。

再就是那个"宽腰带"了。由于现在古装影视剧和"cosplay"里都喜欢使用较宽的腰带，导致大家非常热衷于寻找"宽腰带"起源于中国的证据。其实我比较反对先将事物生掰出来，然后满天下、满历史地找所谓的证据。历史漫漫数千年，产生过多少腰带，要从里面找到所谓的证据，总是能碰上的，然而又能说明什么呢？这样的论证其实是非常不严谨的。

"宽腰带"究竟是怎么一回事？日本的"宽腰带"绝非有些人以为的什么"枕头""蝴蝶结"，它是一个组合，只是由于外观上看起来很像一整件东西，才导致了我们的误会。而灯人的腰带尽管也很宽，却出现了一个很特别的部件——带钩！

"带钩"类似于我们的皮带扣，用于固定腰带，流传发展过程几乎贯穿了中国历史，基本功能原理却没有什么大的变化。除了这个中山王的灯俑，还有许多被人"津津乐道"的宽腰带灯俑，细看之下，也都有带钩的痕迹。

尽管我们口头会很自然地称呼这些腰带为"宽腰带"，但事实上，在中国古代，大家更喜欢称它们为"腰封"。

至于下摆，就是那个下面的"入"字形口子，到底是不是"曲裾"的证据，又是不是跟和服一样？简要来说，这是被误解的"曲裾"。

图 1-53　清代《阿玉锡像》局部

很多人奇怪为什么和服可以拖地并产生露出足部的缺口。那是因为和服本来就长于身高，只是因为穿着的时候会折叠进去一部分，所以当全部长度被放开的时候，自然就产生了拖地的效果。但是和服本身平铺状态的交叠部分是很少的，虽然通过穿着方式令上身的交领看起来角度很大，但就如同剪刀交叉的原理一样，一旦下面没有了腰带的约束，越靠近下摆，就越容易向外散开。但和服并不是曲裾的，所以从下摆的开口去推测是不是曲裾显然不对。

事实上，对于相关知识比较丰富的人来说，直裾和曲裾的差别还是挺明显的。比如杨家湾出土的西汉前期的兵俑，其衣服的"人"字形下摆一直被当作是"小曲"的证据之一，然而事实上他们穿的都是直裾的衣服。

要怎样才能区分出来到底是直裾还是曲裾呢？凭借脑洞想象来讨论总是差一点，更加直观的办法当然是穿出来。没错，有网友根据文物的样式复制出实物，然后由真人穿着，这样一对比，就能知道究竟是怎么回事了。

首先是根据马山出土的一件直裾衣服复制出服装。虽说这件衣服是战国时期的，但剪裁比现在很多交领衣服还要复杂很多，其交领背后的领口是下凹的，且有"小腰"，简单说来就是在衣服的腋下部分多缝进去两块方形的布，因此衣服的腋下是有褶皱的，衣服无法放平。

这件复制品穿着完全后，因为一角下垂，包裹到身后的三角也不再与地面垂直，所以令人产生它是曲裾的错觉。此外，内襟下垂的一角也会露出来，于是在背面形成类似燕尾的效果。被拉扯的衣服容易在背后形成一个内凹，但是如果衣服宽松，可能便不那么明显。

图 1-54　陕西杨家湾汉墓出土的兵俑

还有一个很重要的问题一直被忽视——兵俑穿的衣服下摆是"人"字形的，而汉服的"小曲"是"入"字形的。要穿成"人"字形，除非所有穿小曲的人穿成左衽。

再比如复原的另外一件马山的服饰。之所以很多人觉得这个灯俑是曲裾，是因为它有着汉服穿出来的"鱼尾曲裾"效果。事实上汉服那样的效果是摆出来的，是用力模仿的结果，而不是自然的缺口与褶皱。而马山的直裾衣服在真人走动之后自然就会达到灯俑那样的效果。可以说，自然形成的、穿着方式导致的形态变化，是与生硬剪裁出来的样子完全不同的，面料会因受力而产生变化。

有人觉得许多传统服饰最美的地方是褶皱，神秘而自然。既然如此，它并不是生硬剪裁就可以做到的，否则，何不直接用 3D 打印来制作古装呢？

图 1-55　灯俑

轻绝妙绝素纱禅衣

有一种古代服饰，大家都很有兴趣，那就是素纱禅衣，江湖一直流传着它薄如蝉翼、轻若烟雾以及重量不到 50 克的神奇传说。在很多人口中，它是古代技术的一个巅峰代表，毕竟又轻又薄听起来就很厉害。

那么，素纱禅衣究竟是不是真的很神奇？到底有多玄妙呢？

这里卖个关子，在讲述禅衣的相关技术问题之前，我们先研究一下它的名称。

单衣？禅衣？禅衣？

马王堆汉墓出土的薄薄的那种衣服究竟叫什么？

这其实是关于古代服饰文物是如何定名的问题。了解原理就不会搞错了，而不是靠死记硬背。

由于马王堆汉墓出土了"遣策"（就是墓葬清单），所以马王堆的文物名字基本遵从以下三个系统：

系统一：按照古代服饰命名规则定名；

系统二：参考遣策或记载中当时的名字；

系统三：由于第二种方法会有理解障碍，所以也会参考第一条做调整。

在 1973 年的《长沙马王堆一号汉墓》报告里，明确写了出土禅衣文物的得名来源并非是遣策，而是《说文》与《释名》里关于"禅"和"禅衣"的内容。《说文解字》："禅，衣不重。"《释名》："禅衣，言无里也。褠，禅衣之无胡者也，言袖夹宜形如沟也。"

图 1-56　马王堆女主人辛追

由于出土禅衣采用的是平纹、稀疏、有规则孔洞的面料，所以称为"素纱"。于是，两项结合起来，文物就被称为"素纱禅衣"了，报告里直接简称为"素纱单衣"。

这里需要留意的是，马王堆一号汉墓对于平纹织物只区分了"绢"和"纱"，后者有明显孔洞，而没有采用遣策里提到过的"縳"和《汉书》里提到的"纨"，是因为这两者无法区分。

之所以采用文献参考而没有遵从遣策而定名，是因为马王堆虽然出土了遣策，但是遣策和实际出土的文物并不能一一对应（当然，大部分还是符合的）。造成这个结果的原因，一方面是遣策可能有夸大，另一方面是有些东西可能不需要写在遣策上，还有一方面是有文物存在腐朽散失的可能性。

那么报告里明明是"单衣"，为什么后来大家又写作了"禅衣"呢？这是因为马王堆三号墓（一号墓的墓主人是利苍的妻子辛追，三号墓墓主人是利苍的儿子）的遣策。

三号墓的衣衾虽然腐朽严重，但是遣策却较为详尽，出现了许多有关"禅衣"的内容，涉及帛、绪、绮等多种材质，白、霜、青、绀等多种色彩。可见"禅衣"是当时比较常见的服饰种类。

由于"禅"字不是一个常用字，左边的"衤"和"礻"很容易弄混，所以就很容易误认为是一个"禅"字。此外，还有一个"禅"字跟着捣乱，不过它是日本汉字，其实对应的就是汉字里的"禅"。然而在马王堆的西汉，作为佛教术语的"禅"可能还没出现呢。

图 1-57　329-6 直裾式素纱禅衣

素纱禅衣到底有哪些硬数据

以下数据来自《长沙马王堆一号汉墓出土纺织品的研究》一书，测算其中编号 329-6 的素纱禅衣：

织造——汉代普通平纹素机

素纱原料——桑蚕丝

禅衣用料——2.6 平方米

总重量——49 克（其中镶边重量 8.8 克）

每平方米重量——15.4 克

原料纤度——11.2 旦（对照参考现代乔其纱约 14 旦。旦，纤度的单位，是指在公定回潮率下，9000 米纱线或纤维所具有重量的克数。）

其实，马王堆一号墓一共出土了三件禅衣，其中两件是素纱禅衣，一件曲裾式的重 48 克（编号 329-5），一件直裾式的重 49 克（编号 329-6），我们经常看到提到的都是后者。还有一件则是白绢禅衣（编号 329-9）。

为什么经常被提到的反而是比较重的那件呢？

第一个原因是 329-6 号素纱禅衣出土的时候更加完整，曲裾式的 329-5 号那件稍有残破。另一个原因是仅重 48 克的那件 329-5 号已经没有了！

1983 年，中国考古史上发生了一件令人扼腕的事件——许反帝盗毁文物案件。两件素纱禅衣皆被盗，据说当时禅衣被放在一个火柴盒里，可见这件文物多么轻薄。最后在追缴过程中，一部分文物被烧，一部分被冲入厕所，48 克那件禅衣就此被毁。

最令人心痛的事情就是文物被毁，发生时只需要很短暂的过程，但是遗憾却是无穷无尽的。

在 2002 年的时候，国家文物局公布了第一批 64 件禁止出境展览的一级文物名单，其中"直裾素纱禅衣"赫然在列，不过也只能形单影只了。

图 1-58　329-5 曲裾式素纱禅衣

图 1-59　329-9 白绢禅衣

素纱禅衣的 49 克奇迹是否真的无法复制

造成素纱禅衣轻薄的原因主要有以下几个：首先，它的款式是单衣，没有衬里；其次，它的织物种类是平纹纱，本身就是较为稀疏的织物类型；再次，它所用的蚕丝较细，细于现代的家蚕丝。

不难看出，前两条是没有技术难度的，复制难度较大的原因主要在第三条。所谓巧妇也难把粳米煮出糯米的口感啊！

轻而薄的素纱织物，突出地反映了西汉初期缫纺蚕缫技术的发展情况。素纱的纬丝捻度，每米一般为 2500~3000 回（捻度是表示纱线加捻程度的指标之一，以单位长度纱线上的捻回数表示，两端间加一回转为一个"捻回"，也就是这里的"回"），接近于目前电机捻丝每米 3500 回之数。而 354-4 号褐色纱，354-8 号藕色纱和 329-6 号素纱禅衣所用丝纤维，经测定换算，其单丝条份为 10.2 旦至 11.3 旦。

图 1-60　平铺的素纱襌衣

图 1-61　现代柞蚕丝与桑蚕丝的对比

上面这段文字引自 1973 年《长沙马王堆一号汉墓》考古报告（有部分改动），由此可见素纱襌衣涉及的拈丝技术十分高超，但并没有超过当时的极限水平。

而平纹纱的织造就更加不是问题了，马王堆一号墓出土的丝织物里有平纹的绢、平纹提花的绮，还有平纹提花罗组织的罗绮以及重经提花的锦。其中绢与纱都是平纹，在考古报告里提到它们的区别只在于后者有明显的孔洞，而另外两者听描述就知道比前两者难度要高一些，用到的技艺复杂一些。事实上，这些织物里最高级的是锦，通过多组经线或纬线交织提花，不是简单的单层织物，图案变化也更为丰富。锦的生产工艺最为复杂，织物也最为厚重。可见织物绝非越轻薄越高级。

这样我们就明白了，就织物本身来说，素纱襌衣相比马王堆出土的其他织物并没有绝对的技术优势，现代人要复制起来，并没有天大的鸿沟需要跨越。

也就是说，只要解决蚕丝的问题，复制素纱襌衣的难题也就迎刃而解了。

西汉与现代蚕宝宝吐出的丝大不一样

造成蚕丝不同的主要原因在于西汉养殖的蚕和现代养殖的蚕不一样了。

西汉时期养殖的是休眠三次蜕皮三次的三眠蚕，而现代使用的是四眠蚕。两者看似只差了"一眠"，但是个头差异很大，蚕茧和蚕丝也差别很大。

在历史上，四眠蚕的培育和普及是纺织业的一个重大进步的标志。

为什么这么说呢？四眠蚕个头大、产量高、丝质优，但是体质弱。能普遍养殖四眠蚕是养蚕技术的重要进步，这个时间大约在北宋时期，与此同时我国的蚕业中心也跟着南移了。

北蚕多是三眠，南蚕俱是四眠。说明南方养蚕人先掌握了这种养蚕技术。"蚕种须教觅四眠，买桑须买枝头鲜。"说明四眠蚕是优良品种。

现在的四眠蚕养殖中也会出现三眠或者五眠现象，这都算是次品，需要在养殖过程中尽量避免。但是通过药物诱导的确可以将四眠蚕变成三眠蚕，代价是蚕丝量下降三分之一，换来的便是蚕丝细三分之一到二分之一，用以制造超细纤度的蚕丝品。

西汉没有发展出四眠蚕，是西汉的技术落后，但是现代可以用药物诱导出三眠蚕，这就是现代技术的先进！

事实上，可以查到的复制素纱禅衣的成功案例都是通过成功培育三眠蚕获得的。当然，这种方法得到的三眠蚕与西汉的三眠蚕是不同的，因为物种一旦发生变化，是不可逆的。

1988年珥陵丝绸厂生产出一种具有世界先进水平的三眠蚕丝制造的超薄型丝绸，制作同样的素纱禅衣，总重25克。

——《镇江蚕桑丝绸史料专辑》

（1998年）日前，南京市运经研究所根据出土文物"素纱禅衣"复制成功世界上最轻最薄的衣服……复制的"素纱禅衣"尺寸大小与原文物一致，每平方米衣料重量虽只有12克左右，但牢度却与军用降落伞不差上下，全件衣服长1.28米，重量不足50克（原文为1两），叠起来只有普通邮票大小，放在报纸上，仍能清晰可见报纸上文字图片……

——《服饰文化》

可见，现代人不是不能复制，而是因为蚕的不同，导致了蚕丝的不同，进而导致复制出来的东西也就大不一样了。

而关于养殖三眠蚕才能做到素纱禅衣的事情并不是秘密，只是一般人不去深究，以为是多么高难的技艺，再加上有些人夸大了复制难度，以至于复制出来后大家才恍然大悟原来现代人也是可以做到的。

一件丝织物的技艺绝伦是如何证明的

丝绸史与其他历史不同，自有其独特的迷人之处。

因为丝织物的出现和很多我们熟知的用以标记文明的物质不同。玉器可以是偶然的发现，石器可以是巧合的击打，甚至于陶器也可以是黏土被烘烤后的意外收获，只有丝绸不同。

育蚕、种桑、取丝、造机杼作衣——每一步都需要人力的参与，不仅仅是智慧，还有经验，更要有创造。这是农业、工业以及艺术的结晶，没有什么比这样一整套过程更能考验当时的文明程度了。

所以在考古报告里，我们明显可以看到当时的考古人员在写关于织物和服饰的内容之前，首先在乎的是所用蚕丝是否为家蚕丝："丝纤维种类的鉴别，是通过横断面切片、纵面投影、示差热分析、氨基酸含量以及X射线衍射等方法进行的，各种方法的鉴定结果都说明，这些丝织品的纤维，与柞蚕丝有着显著的不同，而与现代桑蚕（家蚕）丝近似。因此，这批丝织品的纤维原料肯定为家蚕丝无疑。"

图 1-62 《蚕织图》局部

　　证明是家蚕丝，足以说明当时的人们已经能够饲育蚕了，而蚕丝纤细均匀说明了缫纺技术已经很好，素纱的空隙均匀又说明了当时的纺车织机的发展水平很高。素纱禅衣的技术水平就是这样层层推进的，而不是一个简单的又轻又薄的 49 克就完结了。

画像里的秘密：
用服饰史知识判断年代

由于众所周知的原因，在近代摄像技术引入中国以前，古人们没有照片留下，只有画像。

可是那些画像真的能反映所画人物的真实容貌吗？换句话说，他们真的长成画像上的模样吗？

不一定。

这个时候，具备一点服饰史知识，就能帮我们粗略判断一下画像的年代，进而可以推断这画像是不是靠谱了。

真假唐太宗之谜

如果大家有印象，我们见过的历史教科书上的唐太宗李世民，长得有些胖乎乎的，很"可爱"。

我们能看到的其他关于唐太宗的形象，甚至是影视剧服装设计，基本也是由这幅画像延伸出来的。但是很少有人会问——这幅画是从哪来的？是否是真实的唐太宗形象呢？

事实上，这幅画出自南薰殿旧藏的一批历代帝后名臣画像。其实朱元璋的容貌问题也与之有关，下文我们再详说。

南薰殿在故宫里，始建于明代，是明朝遇册封大典时中书官篆写金宝、金册的地方。清代乾隆年间盘点家底的时候，发现所藏画像多斑驳脱落，所以就令人重新装裱。这批画像里远的有大禹、商汤这样的人，离着近的则有宋、元、明的帝后，一般被称作"南薰殿图像"。这批东西现在北京故宫博物院和台北故宫博物院都有，台北故宫博物院占大头。我们所熟悉的很多帝后名臣的形象，尤其教科书里看到过的，大多数都是出自这批画像。

图 1-63　从上到下依次为：唐太宗、唐高祖、宋太祖、宋太宗、成吉思汗

一般来说，这些画像的作者就是宫廷画师。由于这些画像积攒的时间有限，所以不少是后世画的（你总不会觉得"尧舜禹汤"的那些画像也是当时人画的），而且肖像画的技艺也是有发展过程的（这就是你会觉得有些古人的画像很像卡通画的原因，因为当时人物画的技艺还未成熟）。

根据我们的理解，如果根据这些人在世的模样来画，当然可以算"真像"。这些人死后的追摹，或者根据已有画像的临摹，如果与画中人的时间相差不大，其实也可以算作"真像"。但是像"尧舜禹汤"等全靠臆测的画像，其实对服饰史研究的意义就不大了。

大家有时会发现，明明画中人的年代相差甚远，但是别说衣着打扮了，连画风、程式都一样，那么这些画像基本可以说，就是后世在集中一个时间段里画的。

由于南薰殿画像并没有全部整理成册，所以许多资料只能找到黑白版本，比如岑彭和祭遵的画像。只要细看就可以发现，他们的画像和唐太宗画像十分相似，就连衣褶都如出一辙。可这两人是谁呢？他们都是东汉建立的功臣，是"云台二十八将"中的人物。东汉到唐代有几百年，大家可以自己算一算。

不过，跟李世民画像相似的还不止这两人，我们再来看看周亚夫的画像，是不是也很相似？周亚夫可是比上面那两人的年代更早的西汉时期的大臣，所以我们可以继续算一算李世民和周亚夫之间的时间距离，然后再对比一下画像之间的画风、衣着打扮等。

那么问题来了——为什么两汉的人会和唐朝的皇帝穿相近的衣服？唐太宗画像绘制

图1-64　南薰殿（很多熟悉的画像都出自南薰殿旧藏）

于何时？穿的真是唐代衣服么？

答案是：不完全是。虽然有人会说，那衣服是圆领的，唐代人就是穿圆领的衣服！可是不能指望圆领几百年上千年都长一个模样，它在发展过程中也会有许许多多的变化。

如果把唐太宗画像与一些明代帝王常服画像做比较，就不难发现，他们的服饰惊人地相似。比如我们可以看到的革带（腰带）上的布局，使用红鞓绿玉的搭配正是明代帝王所常用的，典型例子就是朱元璋画像里的腰带。不仅服饰的款式、衣服纹饰的布局，甚至龙纹的样式也都相似，特别是那个纹样，不同时期本应是不一样的。

当然这并不等于说唐太宗画像这一身就是明代帝王的服饰，我们只是通过一些服饰史断代上的知识去推定画像的年代。比如后面会提到的香妃画像，也一样是根据服饰史知识来推定年代。这种推定方法是基于这样一个事实：画师如果没有丰富的服饰史知识，是无法复原唐初衣冠的，所以他只能局限于当时的服饰样式。退一步讲，即便画师有一定的服饰史知识，可一旦在细节处含糊不清，也会在画笔下体现出具有时代特色的细节。

图 1-65　图①至图⑦依次为：李世民、朱元璋、岑彭、祭遵、周亚夫、李渊、赵匡胤（与图 1-63 相比，有些人的画像不止一幅）

　　再比如唐高祖李渊和宋太祖赵匡胤的画像，也是类似的画风与装束，基本可以推定为同一个或同一批画师所为。画师可能在画头部的时候参照了已有的传世画像，而一些无法参考的部分或者细节之处，则明显地烙上了画师所处时代的印迹。

　　所以，不仅仅是唐太宗画像，包括很多类似的画像，创作的时间不会早于明代（因为前世不能画出后世的服饰）。而参考一下龙纹的风格，比较大的可能性是明代初期，还不至于到中期。

朱元璋知道自己长这么丑吗？

前几年朱元璋的"芒果脸"很火，于是很多人心中朱元璋就长这样子了。不仅普通百姓这么认为，教科书都是这么印刷的，甚至许多博物馆的官博也用了"芒果脸"。

但是大家也知道，朱元璋还有另外一幅国字脸的画像。那这两幅画像究竟哪个更接近真实呢？

这两幅画像从来源上讲，国字脸的那个是官方画像，"芒果脸"则出自民间。在年代上两者也有极大差别，所谓"官方"当然是大明皇朝的官方，而民间画像则出现得较晚，一般为清代作品。

两者虽然画风、长相、配色都迥异，但其实装束是一致的：画中的朱元璋都身穿圆领袍，头戴翼善冠（折上巾）。什么是"翼善冠"呢？简单来说，就是能露出一对"兔子耳朵"的帽子。

不管哪一种翼善冠，都是"圆耳朵"，并且露出的部分不多，前面正中也没有任何装饰（专业名词叫"帽正"）。再回头看看民间画像里那一类朱元璋所戴的帽子，出现的都是"尖耳朵"，也就是说，此时画家们画的翼善冠有了明显的戏曲化痕迹。这不仅表明这些画像的年代晚于明代，更说明画家对明代服饰没有概念。因为进入清代以后，这些服饰形制被人为地掐断了，当时人若不考据，自然无从得知其原本的样貌。

此外就是他们所穿的圆领袍不同。官方御真（画像）里这种身穿黄色圆领

图 1-66　唐初李寿墓壁画里的圆领形象

图 1-67　朱元璋官方御真（国字脸）

图 1-68　朱元璋民间画像（"芒果脸"）

图1-69　从左到右依次为：朱元璋（爸爸）、朱棣（儿子）、朱高炽（孙子）、朱瞻基（曾孙）

图1-70　《明神宗半身像》翼善冠局部

图1-71　定陵出土的翼善冠局部

袍、头戴黑色翼善冠的模样被称为"常服"。常服并非大家所理解的平常衣服的意思，但的确是明代皇帝穿着最为广泛的一种。另外，圆领袍中搭配的是一件交领衣，露出在外的样子如官方御真所画，而非很多见过各种朱元璋民间画像的人所询问的那样："领子那里难道是围巾吗？"假设画家为明代人，是绝不会犯这种错误的。

　　其实除了这些，还有其他服饰上的问题。总结一下，这些民间画像所暴露出来的问题都是类似的：一是年代错误，人是无法超越自己的时代局限的；二是对帝王服制一无所知，大量的认知来自于戏曲。

　　以上，我们可以肯定一件事，无论多少种朱元璋的民间画像，相比于朱元璋所处的元末明初的历史年代，都显得相隔太遥远。或者说，这些画家距离我们的年代，搞不好都比距离朱元璋的年代还要近一点。

图1-72 朱元璋另一张更加夸张的民间画像，不但"芒果脸"，还有满脸麻子

肯定会有人说，你又没见过朱元璋，你凭什么说朱元璋不是长那样呢？可能画家只是画错了衣服，但是那么多版本的画像长相都是一样的，搞不好长相没错呢？

是啊，我是没见过国字脸的朱元璋，可谁也没见过"芒果脸"的朱元璋啊……不过有一件事无法颠覆，那就是遗传基因。朱元璋并不是老朱家唯一的一个人，他还有许许多多的子孙，就比如明朝那些皇帝，他们也留下了画像。

看看这些画像，谁敢说这不是一家子，那可是一模一样的国字脸啊！如果朱元璋的官方御真是一个谎言，那么大明朝的历代帝王为了这个谎言都得伪造自己的御真（皇帝御真不会只画一张，而是要画好多张的），想想也是够心酸的。

那么问题来了，为何人们更愿意相信那个"芒果脸"的朱元璋才是真的呢？因为很多人觉得画像是有依据的，依据就是《明史》里那句"姿貌雄杰，奇骨贯顶，志意廓然，人莫能测"中隐晦的暗示。但我们自以为的这种"暗示"其实是有问题的，"贯顶"指太阳穴也好，指脑门也好，总之是不会在下巴上的。

在《剑桥插图中国史》中，美国学者伊佩霞（Patricia Buckley Ebrey）曾对民间那些画像表达质疑，她认为民间流传的那些画像是画师的故意丑化。其实丑化朱元璋长相这件事并非到清代才出现，在明代中后期的笔记中就有记载，如张萱《疑曜》描述朱元璋为"龙形虬髯，左脸有七十二黑子，其状甚奇"，张瀚《松窗梦语》记载其在大内武英殿见到宫廷画师画的朱元璋像相貌堂堂，才发现"与民间所传奇异之相大不类"。

香妃的容貌

如果你在网上搜索"香妃"这个关键词,除了影视剧《还珠格格》里的香妃,最多的就是一张流传很广的画像——高脑门、红衣服。

然而从服饰史的角度来看,这张画像里的人物是香妃的可能性极低。

至少有以下几点理由告诉我们这个画像中的人不是香妃:

首先,图中女子是非常典型的汉家女子打扮,而香妃无论如何都不会在日常生活中常穿一身汉家装束,除非偶尔穿几次。有一张晚清时期的照片,摄影师特意要求左侧的汉人女子侧过脸去,展示其发型。两人最显著的区别是,汉人女子为两截穿衣(衣裙搭配或衣裤搭配),衣服上会有立领;而旗人女子则穿着袍衣,不穿裙子,如果有短衣也是穿着在袍子的外面,衣服上没有立领(旗人女子穿立领要到清末才开始,后文会详细介绍)。尽管鲜少有人留意,但是在那幅所谓"香妃像"中的确是一件有立领的衣服,只是当时流行的立领的位置有些低矮。

其次,图中装束约为同治、光绪年间或稍早时期,与乾隆时代还是很有距离的。后人可以穿前人的过时服饰,但是前人是无法未卜先知穿后人衣服的。由于这画像的年代实在是有点晚,当时已经有不少影像资料可以相对照。比如"香妃像"中女子特别的发型,就可以与当时南方地区的许多老照片对应。并

图 1-73　网上传说是香妃的画像

图 1-74　晚清汉人女子(左)与旗人女子(右)

图 1-75　与画像中相似的发型

图 1-76　传说中的"香妃戎装像"

图 1-77　所谓"香妃像"众多"淘宝同款"当中的一幅

且图中这种极具晚清特点的外撇八字袖，以及袖口的挽袖装饰、领襟处的宽滚镶设计，都可以找出相对应的资料。

再次，这的确是一幅油画，却并非宫廷画作，更不是郎世宁这样等级的画师的作品。它应该只是一幅普通的外销画，大概等同于现在的外贸产品。外销画是当时画师绘制专供输出海外市场的一种画作，多采用西洋画的形式，甚至会有非常好的透视效果。并非许多人以为的那样，中国只有外国传教士才能画这些画。此外，外销画还有一个"属性"，那就是它并非单一的，可能会有许多"淘宝同款"。

这些"淘宝同款"的的确确是不同的画像，画中这种一手倚于桌几的造型，也是当时女子拍照时常用的姿势，分辨它们也只能靠不同的色彩与衣服花纹了。由于是外销画，这类画作存世不少，许多博物馆里其实也有收藏。如果将它错认为是"香妃像"，甚至觉得是郎世宁的画作，那么估值就远高于外销画的真实价格了。

其实，倒真的有一张藏于宫廷的画像，被标记为"香妃戎装像"。然而此画原名为《女性欧式甲胄行乐图》，现藏台北故宫博物院。画中女子并未见记载，也就是说，她是谁没有定论，说是香妃也是没有根据的。

那么，真实的香妃究竟长什么样子呢？对不起，没有照片，没有可以考据的画像，或许只能想象一代佳人的美丽了。

"齐胸襦裙"几分是真?
几分是假?

在汉服的命名体系里，上衣下裙的就可以叫作"襦裙"。"齐胸襦裙"，顾名思义，就是汉服圈对于裙子扎到胸部位置的上衣下裙装束的称呼（早期也有"高腰襦裙"的说法）。不过由于个人的偏好不同，有人扎在腋下，有人扎在乳上，但是一般都至少会扎到乳点以上。事实上，扎成一种性感效果的汉服照也不在少数。

在生活里，有高腰裙，有低腰裤，却几乎没有一种衣服是把腰位扎这么高的，大约也只有韩服是这样子了吧？

的确，如果将系带变宽，把裙子变蓬，"齐胸襦裙"在视觉上会非常接近韩服的赤古里裙，也的确有许多汉服爱好者们在拍照时追求这样的效果。这时可能有人会告诉你，"齐胸襦裙"与韩服的区别在于一个上衣扎在裙子外头，一个上衣扎在裙子里头。但是，这个区分本身却是一个笑话，没有什么服饰是因为扎在里外的区分而产生变化的，两者更不是廓形上的区别。事实上，韩服或者朝鲜族服饰的廓形成一个伞状，在视觉上看起来好像

图 1-78　《捣练图》局部

图1-79　《捣练图》局部

扎得很高一样，这种效果是由上衣短小而造成的。而且韩服裙子的位置没有"齐胸襦裙"那么高，充其量是非常高的高腰裙，只是因为上衣太短，所以有了一个视觉差。如果穿稍长一点的上衣，立马就没有这个问题了。

而谈及把裙子扎到腋下胸上的"齐胸襦裙"，其堪称诡异的结构导致了一个问题：怎么穿才能不让裙子往下掉？几乎每个穿过"齐胸襦裙"的汉服爱好者都或多或少地遇到过这个问题，但都缺乏进一步的诘问——如果它是一个曾经真实存在过的服饰，为什么穿起来会如此不方便呢？换句话说，这么古怪的"齐胸襦裙"有历史依据么？

在网上流传的"齐胸襦裙"的所谓考证大概有三点：一是古画，确切说来主要是宋摹的唐画，比如《捣练图》等；二是唐俑及唐代壁画、线刻等，由于唐代历史不算短，不同时期的腰线是不一样的，至少要到开元年间才能够达到这样的高度；三是传说中非常神秘却始终秘而不传的出土文物。有的说是西北地区的一具隋唐干尸，有的说是多地

均有出土，但是文物级别太高所以秘而不传，总之没有图。除了第三条可能涉及实物以外，其他都停留在"看图说话"的程度上，但也仅止于此。

这些考证基本还是在证明"有"，而不是证明"到底是什么"。最多也就证明唐代真的存在一种腰位高得离谱的衣裙组合，却无法证明它到底是怎样的结构，甚至于腰位到底在哪个位置都无法解释。不错，高腰位是唐朝的时代流行，而同时代还有一些不同款式的服装，如果只为了证明腰位而忽略其他服装，显然这是不严谨的。

那么，为什么"齐胸襦裙"还能一直存在，并且推陈出新呢？因为它有不可战胜的市场需求。"齐胸襦裙"得到广大古装爱好者的青睐，这对于一种服饰来说，不知是幸抑或不幸。幸是指它能有生存的土壤，不幸则是说很多人并没有进行严格考证，甚至对有些人来说，真正的古装到底是什么样子可能并不重要，重要的是穿起来能拍成美美的图片就够了。

唐代女子是怎样
一步步变胖的

我们都大概知道唐代以胖为美，但实际上，谁也不是一天就胖成台风天也能行走自如的吨位，唐代的胖美人们也不是一口气吃出来的。

事实上，唐代以胖为美有一个转变的过程。

隋代，衣袂飘不起来的时代

说起古代的衣着，我们想象古人都是衣袂飘飘，再不济也得是儒服博冠、衣着宽大的模样吧。但是隋代偏不，人家的侍女袖子窄到无以复减。再看看隋代女子的身段，盛唐时候的胖美人大概会是她们的几倍吧！

图 1-80 唐代女俑

隋代虽然时间相对比较短，却是中国历史重要的转折点。在服饰风格上，隋代衣饰还可看到北朝的遗风。于是唐初的风格就不可避免地带有这种纤细又极具风韵的感觉。

当然那时也并非全然没有大袖的服饰，只不过大袖那么不方便，想想也知道不是普通女性穿的衣服。不过隋代的大袖仍然显得十分清瘦。没办法，一个时代的总趋势就是这样的。

图 1-81 隋代
清瘦的女俑

图 1-82　《步辇图》里的宫女

图 1-83　公元 630 年的唐代女子

图 1-84　公元 651　　图 1-85　公元 671
年的唐代女子　　　　年的唐代女子

唐初，走向肥胖的步伐

　　任何朝代的更替，都不会带来服饰的改头换面。说得直白一点就是：你以为朝代一换，全国的裁缝都突然接到大笔订单然后给所有人做新衣服么？当然不可能了，旧衣服仍然是继续穿着的。

　　这种承袭自隋代的窄袖上衣，以及十分流行的高腰围条纹裙，勾勒着女子纤弱细瘦的体型，这才是唐初的主流。我们所熟悉的《步辇图》（现存版本据传为宋代摹本）中的着装正是如此。只是侍女们在正常腰围处也扎束了一下，以方便干活。不过这也没什么稀奇，因为韩服也是这么做的。

　　其后，这种条纹裙的条纹渐密，裙子的腰位也有所下降。与此同时，我们也可以留意到女子看起来逐渐丰腴。当然，这其中也有服饰的功劳，高位裙（不特意加肥的那种）原本就要比腰围正常的衣服看起来高挑纤细。

　　到了高宗武后时期，上衣已经变为了直领对襟，裙子被掩盖在上衣之下，而裙子的腰围位置进一步下降。女子着男装的风气也在此时大行其道，不过唐代女子着男装一般仍然会保留女子的发髻。

　　至此，唐代女子终于从之前的纤细"胖"回来了，但也只是 BMI（身体质量指数）正常的体型，至于发胖的故事，则要到盛唐时期了。

盛唐女子最胖的地方竟然是……

　　毫无疑问，杨贵妃一向是盛唐"以胖为美"审美观的代言人，然而由于众所周知的原因，我们找不到杨贵妃墓的信息，但是与杨贵妃同为李隆基宠妃的武惠妃却有墓葬已被发掘，可以为我们提供不少信息。

武惠妃死于公元 737 年，追赠"贞顺皇后"，葬于敬陵。在武惠妃的石椁上，刻画了数十个女性形象，推测为高级女官及侍女。画面中体型较大者或为仕女，身材丰腴，面容饱满，但是嘴巴却是鲜红小巧，眉毛较粗，无一不显示着唐代这个时期的女性审美，与之前唐初的从隋代继承而来的纤细审美已经有天壤之别了。

武惠妃乃李隆基的宠妃，这从她死后以皇后之礼入葬就可以看出来。而杨贵妃原本是她亲生儿子李瑁的老婆，武惠妃死后才"后廷无当帝意者，或言妃姿质天挺，宜充掖廷，遂召内禁中"。当时杨贵妃不过十八岁，正当好年华，而李隆基的开元年号也正当盛世。

公元 745 年，杨贵妃才正式被册封为贵妃，当时已是天宝四年了，大唐王朝盛极而衰的伏笔已经埋下，祸水的名声其实真有些冤枉杨贵妃。不过这是题外之话了。

事实上，除了武惠妃墓，还有其他相关考古证据可以证明盛唐女子确实是胖的。比如开元末年韦氏墓、苏思勖墓等。

从形象上看，这些盛唐女子无疑是丰满的。她们浓眉细眼，鼓鼓的双下巴，面妆超出想象，白得像要分分钟去唱一出大戏一般。从她们上衣衫子处还隐约可见胸的轮廓。

这样的形象描述听起来像不像《灌篮高手》里的安西教练？不过安西教练是脸和身体同样都胖，而这些盛唐女子则是脸比身子胖。

我们明显可以看到，这些女子都是以日常装束为主，袖子并无夸张的模样。至于正式场合的礼服之类的衣服，或许从李宪墓甬道壁画中的宫装女子身上可以窥探一二。

图 1-86　公元 684 年的唐代女子

图 1-87　公元 706 年的唐代女子

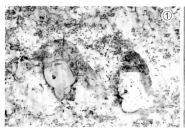

图 1-88　武惠妃石椁上的画，其中图②为红衣男装侍女

图 1-89　李宪墓甬道壁画

图 1-90　藏于日本正仓院的《鸟毛立女屏风》，推测年代为公元752 年左右

图 1-91　苏思勖墓中壁画

图 1-92　开元末年韦氏墓出土壁画

其实盛唐时期的女性服饰，虽未能有成套服饰实物出土（唐代就是这么奇怪，各个朝代都有服饰实物出土，偏偏国人最好奇的朝代却没有），但是相关陶俑、石刻、壁画的资料还是不少的。如果不纠结于细节，不追求学术严谨，倒是可以照着这些外形恢复个大概。

神的视野：
敦煌壁画

敦煌是一个地名，我们都知道，这个名字来自于古代当地人对本地区所取名字的音译。然而究竟是哪些人，这两个字又是什么意思，则莫衷一是。

不过我们现在一般说起敦煌，指的就是"敦煌石窟"。但是许多人以为敦煌石窟就等于敦煌莫高窟，其实广义的敦煌石窟应该包括敦煌莫高窟、东西千佛洞与安西榆林窟等，或者我们可以用"敦煌石窟群"来称呼以示区别。但是很多以"敦煌"为题的艺术谈的其实是更加广义的"敦煌艺术"，不仅包括石窟里的雕塑、壁画、建筑，还包括比如绢画、纸画、刺绣等多方面的东西。

所以，综上所述，"敦煌"是一个从石窟延伸出去的巨大体系。面对这样一座资料宝库，我们惊觉，大多数的艺术设计元素似乎都可以往里套啊。

图 1-93　敦煌壁画中经典的"反弹琵琶"

在很多人的意识里，好像默认了敦煌和大唐相关联。然而真实的敦煌，由于地处偏远，在整个唐朝历史中长时间被当时的少数民族和地方节度使统治，用敦煌来代表大唐气象，略有些以偏概全。而且敦煌石窟前后开凿超过千年，其时间范围一般认为从公元4世纪至14世纪，经历了十六国、北魏、西魏、北周、隋、唐、五代、宋、西夏、元等多个朝代。我们所熟悉的许多石窟，虽然开凿是一个年代，但之后往往会经历多个时代的重修，从而留下不同时代的烙印。

中国没有一个朝代叫作"古代"，敦煌当然也没有一个窟叫作"大唐佛窟"。

图1-94　五个庙石窟，尽管距离莫高窟近百千米，但是仍然属于"敦煌石窟群"

图1-95　首次出现在邮票上的敦煌壁画（中华人民共和国第三套特种邮票），分别展示了西魏、隋代、盛唐、初唐四个不同时代的敦煌壁画

敦煌的颜色

敦煌是什么颜色的呢？

在现代化学颜料出现之前，前人都是使用一些天然颜料，一般是矿物或植物，也有一些是经过人工调和的颜料。

敦煌也好，其他石窟也好，色彩的选择一般取决于这样几个条件：一是当时的艺术风格（时代），二是当地的条件（地域），三是画工的技法（绘者），其实就是天时、地利、人和。于是，我们发现，不同年代的石窟，颜色选择是不一样的，就算是同样的颜色，选用的颜料来源也不一样。

比如，很多人觉得敦煌里红色系的壁画很多，红色颜料一般是朱砂（化学式 HgS）、铅丹（化学式 Pb_3O_4）、红土（化学式 Fe_2O_3）、雄黄（化学式 As_2S_2）等，当然他们也会混合一些白色颜料，以期配出较浅的红色，产生一些晕染的绘画效果。

特意给这些颜料写上化学式，是因为接下来要谈变色问题了。我们对于天然颜料、天然颜色总有一个误解，以为凡是来自于大自然的就会亘古不变，其实恰恰相反，这些天然颜色才当真不稳定呢。敦煌千年，有许多颜料早已和当年的模样千差万别了。也就是说，我们所能看到的敦煌其实是一个和当时颜色完全不同的敦煌。

就以红色系为例，红土最为稳定，朱砂会从橘红色变成暗红色，也算比较能接受吧。变色最严重的要数铅丹了，只要湿度大一点、光照强一点，原本的橘红色就会变黑。麻烦

表 1 敦煌莫高窟壁画颜料分析结果

时期	朝代	颜色	颜料成分
早期	十六国 北魏 西魏 北周	红色	大量为红土，极少量的朱砂、朱砂混合铅丹、红土混合铅丹
		蓝色	大量青金石，少量石青
		绿色	大量氯铜矿，少量石绿
		棕黑色	主要 PbO_3，其次 PbO_2、Pb_3O_4
		白色	主要高岭土，其次滑石，少量方解石、云母、石膏
中期	隋代 初唐 盛唐 中唐 晚唐 五代	红色	主要朱砂，其次铅丹，少量红土、朱砂混合铅丹、红土混合铅丹
		蓝色	主要石青、青金石
		绿色	主要石绿，其次氯铜矿
		棕黑色	大量 PbO_3，极少量 PbO_2、Pb_3O_4
		白色	主要方解石，其次滑石、高岭土、云母、石膏，极少量氯铅矿、硫酸铅矿
晚期	西夏 宋代 元代 清代	红色	主要红土，其次红土混合铅丹、朱砂混合铅丹，少量雄黄混合铅丹
		蓝色	主要是群青（即人造青金石），少量石青
		绿色	大量氯铜矿
		棕黑色	主要 PbO_2，少量 PbO_2 与 Pb_3O_4，极少量铁黑
		白色	主要石青，其次方解石，少量滑石、云母、氯铅矿、硫酸钙镁石

的的是，这种变黑的产物是二氧化铅（化学式 PbO_2），一些白色颜料变色之后也会产生，那就真的会"黑白颠倒"了。所以，很多人致力于寻找壁画变色的规律，可是现实条件比实验室里更复杂。

我们之前提到过，许多窟都经历了数个年代，所以许多壁画下面叠加了多层壁画。当上层壁画由于各种原因被铲掉（友情提示：游客禁止）以后，露出下层不曾长时间接触空气的更早期壁画，才发现原来的色彩晕染层次非常丰富。然而悲剧无法阻止，这些当年被铲出来的壁画现在也正在变色。

看不见的壁画，科技打开神的视野

正是由于敦煌壁画在岁月的侵蚀下不可避免地产生了变化，因此今人才会想尽办法，要重现壁画的灿烂。

但是由于敦煌壁画本身存在很多损害，为了在修复保护的时候尽量不伤害最外层的壁画，哪怕是残破的墙面也需要确认是否依然有残存的信息。所以现在用很多无损分析技术来综合分析，这样才能在修复的同时完成保护的目的。

对于我这种门外汉来说，诸多技术当中，多光谱成像是最令我震撼的，因为哪怕是几乎一片空白的画面，经过成像后也可以看到上面壁画原本的大致样貌。这种失而复得令人不禁欣喜若狂，正如一位名叫姬友的网友对此的解读："那些岁月让我们失去的画面，科技帮我们重新打开神的视野，弥补我们肉眼凡胎的不足。"

图 1-96　两图为同一壁画的局部，经过技术照射后，能够显示平常看不到的景象。此研究结果可参考《高光谱技术无损鉴定壁画颜料之研究》

图 1-97　莫高窟第 61 窟中的曹氏家族女供养人，此窟开凿于五代时期，元代时重修

图 1-98　变色的壁画。白象已变成棕色，周围飞天的肢体和面容也变成黑红色或黑灰色

之所以会产生如此神奇的效果，是因为不同的材料对不同波长的光的反应是不一样的，有的甚至会产生荧光。所以可以通过建立多光谱摄影系统来收集这些信号，从而构建出一个正常光线下观察不到的图像。

正如丝绸博物馆周旸老师所说的那样，万物都会归于湮灭，而文物保护却是一种明知不可为而为之的行为，希望可以多争取一点时间给未来。一项长期结果是如此悲观的事情，却依然有人乐观而积极地为之努力，这项工作十分令人敬仰。

对于我这样爱好这些的人来说，科技与这些文物保护者就是我们的神！

临摹不等于复印

关于壁画的另一项工作，对于文物保护是必要的，但对于服饰史的意义，我个人却有些疑问，那就是壁画的临摹。

首先，是什么人在临摹敦煌壁画？

早期的临摹者大多是画家，去往敦煌是为了学习敦煌艺术独特的技艺，有些完全是自发行为，比如著名画家张大千。所以对于许多渴望从临摹图中寻找服饰复原细节的人来说，并不是人家画得不准确，因为从一开始目的就不一样。可以说，这样的临摹作品几乎已经超出了临摹的范围，差不多算个"同人（即根据原作品发挥想象出来的衍生作品）"吧。

此后的临摹者很多是因为工作原因，但不可否认，这样艰苦的工作，如果不是怀揣一分对古代艺术的热爱，其实也是很难坚持下来的。

就临摹画来说，我们一般常见的敦煌服饰复原图中使用的是供养人的形象。事实上，对于根据 2D 画面脑补出 3D 结构的所谓"复原"来说，哪怕原本是一张比较清晰的图，不同的人可能对于画笔下的服饰结构有不同理解，画出来就会有所不同。更何况原画已经残旧，大量细节需要靠画家自己摸索创作。比如同是莫高窟 98 窟，范文藻、潘絜兹和常沙娜的临摹作品就有很大不同。

所以，对于临摹画，我怀揣着一分深深的敬仰，但是对于临摹画基础上的服饰史"复原"，我却不得不怀揣一颗求证之心。

如果还有原作存在，无论是氧化成黑色，还是斑驳成"牛皮癣"，都依然有探讨的空间。然而失去原作的临摹画，却有些令人挠头，因为无法对比。我们无法看到原作的图片，对于临摹画有多少与原作不同的地方，我们是无法知道的，它所能反映出的服饰细节的真实性便令人怀疑。

比如莫高窟 130 窟，此窟是盛唐开元年间开凿，考古发掘证明此窟有后代重修的痕迹，壁画共有三层，另两层为晚唐、西夏重绘。尽管如此，作为敦煌壁画中盛唐时期乃至整个唐代规模最大的供养人画像，其临摹画仍是许多人制作唐代服饰的参考依据。然而，没有原作，临摹画到底有多少还原度、多少服饰复原的参考价值，便无从评论了。

估计会有人问，那些敦煌临摹画家为什么会画偏了？因为他们是人，人都会有自己的主观意识。更何况他们并非为了要复原服饰才去临摹的，他们是为了让我们可以感受到他们曾经感受到的敦煌艺术。这里没有人做错什么，错的只是彼此用错了意，是对论据不加筛选和论证的所谓"考据"。

图 1-99　五代时期，莫高窟 98 窟

图 1-100　范文藻临摹

图 1-101　潘絜兹临摹

图 1-102　常沙娜临摹

敦煌，跨唐之姿

敦煌不等于大唐，但太多人仍然固执地认为壁画里所有供养人穿的都是唐代服饰。

作为莫高窟中最大的窟，98 窟堪称艺术界的"宠儿"，模仿自 98 窟壁画的服装我已经见过不下十个版本了。然而大家却或有意或无意地忽略了一件事：此窟最大的供养人是于阗国王李圣天，他的妻子是曹议金的女儿。尽管随侍的这些女子被认为是曹家女眷，然而曹氏与回鹘人等通婚频繁，怕不足以成为那个时代的标本。更何况，李圣天的年代，本来也已经是五代、宋初了。

其实这样的问题还发生在其他很多地方，我们误判了年代，甚至误判了敦煌在当时主流文化中的地位。

古人听了会发笑：
天热穿唐朝服装，天冷穿明朝服装？

关于古代服饰，有些人存在一些误解，总结起来就是：天热穿唐朝（还包括宋朝）服装，天冷穿明朝（还包括魏晋）服装。

很多人听了可能会觉得诧异，古代服饰怎么跟冷暖还有关系，这不是笑话吗？难道不是每一年都有春夏秋冬，莫非某个朝代会没有某个季节么？

但有些人的确是这样以为的，他们对一些朝代的服饰有着错误的固化印象，这才出现了那句"笑话"。

明朝服装不等于冬装

仿制明代服装的路线与其他朝代不同，它并非基于影视剧设计，而是独立推动起来的，所以也就不太采用比较流行的雪纺类面料，因此而显得有些厚重。加之明代服饰的仿制采用偏写实的风格，无论立领还是交领，包裹脖子的部分相比于其他朝代服饰的仿制都要更多一些。因此，有些人便陷入一种比较简单粗暴的迷思，那就是认为高领就代表冬装。其实，哪怕看起来包裹得严严实实的服装，也可以使用纱罗面料制作，在夏季穿着依旧清凉薄透。

图 1-103　用纱罗面料制作的夏衣

图 1-104 明代仇英《四季仕女图》

对于明代服饰为何包裹得如此之严，有人提出了"小冰河期"的观点。不过小冰河期并不表示只有冬天。如果大家还能回忆起中学地理，就会知道平均温度变化一点点，就会带来极为严重的气候灾难。所以小冰河期的集中表现是多极端天气，不仅冬天会有冷于往常的天气，夏天也会有热于往常的天气。而且小冰河期的主要时间是在明末清初（有观点认为高峰期是在明亡后几十年的清初），而不是伴随着整个明朝。

事实上，认为明代服饰"裹得太多"完全是大惊小怪，因为古代服饰对现代人来说大多数都"裹得太多"，这是衣着习惯，并非明代独有。只是现在古装市场里，其他朝代的仿制服饰都有偏向影视剧风格的部分，更注重美观，又不真的穿它来保暖，设计上增加了许多现代感，因此偏向写实风格的仿明代服饰就显得有些"异类"了。

比如，考古时发掘出来的陶俑，她们身上穿的服装往往十分厚重。然而到了影视剧里，尽管衣服也会多层穿着，但是在领子这种现代人不太习惯的地方做了降低处理。而根据影视剧服装仿制的衣服，层次进一步削减，自然显得更加单薄。

唐朝服装不等于夏装

现代人比较习惯服装层次外露，穿了几层衣服（除了内衣裤），在外面通过领子或袖子的层次可以数出来。然而这样容易养成一个习惯，就是会把外面看不到层次的衣服忽略掉。

我们的影视剧在处理多层次的服饰时就是这样做的，往往人物把短袖套在长袖之外。但古人的真实穿法却是把半袖、短裙这样的短小衣物穿在长袖长袍之内，因此在外扩型上显得相对肥硕、膨胀。

唐代服饰被大家普遍认同于"夏装"，除了现代还原得并不准确的"齐胸襦裙"带给人这种错误的视觉印象之外，就是轻薄面料的功劳了。然而真相却是，唐代一些看似只穿了一件或者一套的服饰，里面的层数其实非常多。

还记得历史课本里的那个故事么，一个外来的客商问一个官员，为什么隔了三层衣服还能看到他胸口的痣，结果官员哈哈一笑，他穿的可是五层衣服呢。

由于穿法和衣料等原因，唐代服装就给人造成"这是夏装"的误解了。

古人保暖趣事：皮草与炫富

其实说起保暖，古代服饰中有不少趣事。

我们这里先讲个题外话。一般把一个人爱显摆叫作"出风头"，其中"出风"原本的写法是"出锋"，指的是皮草的毛露在外面。其实这不就很像今天说的"炫富"吗……

不过，皮草衣服在古代的地位是有点尴尬的，它本身的功能是御寒，然而中原地区却并非皮草的主要出产地，南方地区就更不用说了。尽管"六冕（即大裘冕、衮冕、鷩冕、毳冕、绨冕、玄冕）"制度里最高者大裘冕便是有皮草色彩的，但它更多是作为一种古制而保留，并非实际穿着。更何况完整实施"六冕"制度的朝代屈指可数，它在实际应用中也就几乎没什么影响力了。

我们的古人，相较于直接使用皮草，更擅长的是耕种、织造这些技艺。

我曾在丝绸博物馆听讲座，在介绍到织机的时候，能明显感受到不同的生产方式带给不同文明在服饰上的影响。我们可以建造两层楼高的巨大织机，是因为农耕文明的我们世代生活在同一片土地上，而那些四处奔走的游牧民族则只能制造一些连木料都不直的简易织机。并不是他们比我们愚笨，而是他们的生产方式决定了他们使用的织机不可能和我们的一样。

图1-105　徽州容像，边缘部分即"出锋"

图1-106　《皇都积胜图》里的皮草摊

图1-107　《南都繁会图》里的皮草招牌

图1-108　《万国来朝图》里穿端罩的君臣

所以，用皮草交换中原地区的其他物产，是古代北方游牧民族一直以来的重要贸易。这就造成中原地区皮草的来源和数量都十分有限。物以稀为贵，皮草就成了炫富的重要标志。

明朝时期，隔三差五就颁布禁令，严禁身份低下而富有的人僭越穿着丝绸，然而关于皮草的禁令就很少。这是因为明朝的皮草贸易量远远低于需求量，单单皇帝大臣们就要用去许多，民间自然少之又少。

明朝的皮草之所以很少，与明朝政府的朝贡制度以及与蒙古的敌对关系有关。直到"隆庆议和"，封贡互市之后，皮草的贸易量才开始好转。但是及至明末，努尔哈赤统一满洲，与明朝交恶，再一次影响了皮草贸易。所以，明朝的皮草繁荣期集中在明代晚期这段时间内。

话说回来，虽然明朝很少用皮草做大件服饰，不过类似披肩、暖耳、风领、帽套、卧兔这样的小东西却是有的，只不过依然是价格不菲。由于过于珍贵，有人从入秋一直戴到春天，以作为一种炫耀。

到了清代，皮草太少这种烦恼就不复存在了，清朝人甚至还从俄国进口皮草，使皮草的品种更加丰富。再就是清代统治者本身对此也很青睐，所以清代人对于皮草服饰的爱好达到了一个无以复加的高度。

不过清代的皮草服饰是反穿的，将有皮毛的那面穿在里面，外面还是用丝绸面料，所以外表看起来就像一件普通的服饰。

将皮草穿在外面，在清朝也曾流行过一阵子，但是这种穿法除了炫富，更代表了一种地位特权。比如最高级别的礼服"端罩"就是一种全部皮草向外的服饰，并且禁止相关场合里没有资格的人反穿皮草来鱼目混珠。

清代皇帝服饰里还常见用皮草来装饰的服饰，一般里面也会有皮草，只是露在外面的皮草会选择稍好一些的料子。毕竟皇帝是要面子的！其实一些衣服即便不特意用皮草在外面装饰一下，也会从内部外露出来，因为皮草有毛，这种就叫"出锋"，也就是前面说的"出风"。因此这样的衣服在制作时会在边缘的位置拼接好一点的皮草料，一般会多留几厘米，使"出锋"更完整、更好看。

但上述这些服饰都是建立在衣服本身是件皮草服饰的基础上，如果那件衣服本身不是皮草，却也加了皮草边，就只是为了显摆，那就叫"出锋头"，因为真的就只出了一个头。

穿皮草的风气一路南下，到了广东地区。本来冬天只要穿棉袄就可以了，穿皮草未免有些夸张，但当时的富人又想赶这个时髦，怎么办呢？于是就诞生了上面说的"出锋头"。穿皮草服饰应按照季节变化更换不同种类，而这些"出锋头"的人则会更换不同种类的缘边。

怎么样，是不是很有意思，古人为了炫富也是很拼的呀。

披肩竟是一顶帽子

在古人的保暖世界里，有啥特别值得说道的呢？

有一种服饰是很有趣的，那就是"披肩"。它的炫富值很大，保暖值更大，因为它可是满满一脑袋皮草。

不对呀，披肩顾名思义难道不是应该披在肩膀上的么？

图 1-109　明黄色缎绣云龙貂镶海龙皮朝袍

图 1-110　黄色暗团龙江绸玄狐皮端罩

图 1-111　明黄色缎绣云龙貂镶海龙皮朝袍

图 1-112　大红色彩云金龙文锦朝袍

图1-113　清代陈枚《月曼清游图册》之正月"寒夜探梅"

图1-114　《松江邦彦画像册》中唐文献像

让我们看看古人的描述吧。明末《酌中志》里对披肩有比较详细的描写，提到它其实是一种皮毛制品，并且自上到下都很喜欢穿戴："披肩，貂鼠制一圆圈，高六、七寸不等，大如帽。两旁各制貂皮二长方，毛向里，至耳即用钩带斜挂于官帽之后山子上……凡圣上临朝讲，亦尚披肩。至于外廷，如今所戴帽套，谓之曰'云字披肩'。闻今上登极后，令左右渐次改戴云字披肩随待，然古制似已顿易也。"

由于披肩是皮草所制，价格不菲，在《大明会典》记载的贼赃估价里"貂鼠披肩一顶四十贯"，并且披肩是被列在一堆巾帽里，量词也是用"顶"，可见它真的是帽子一样的东西。

今人对四十贯的物价概念可能不太清楚，在那张清单里，四十贯等同于"羊一只""虎豹皮每张"，可见用料一定很足，炫富也是不容易啊。

在《松江邦彦画像册》中有一处极好的示例：唐文献头上戴在乌纱帽外面的皮草应该就是披肩、暖耳类的头部保暖物品，并且他穿着一件皮草出锋的披风，所以这无疑是一身冬季装束。可以看到，人们冬天穿的款式和其他时候没什么不同，款式都是一样的，区别只在于材质。

其实，唐文献像的装束还曾被雍正"cosplay"过，然而他戴的既不像披肩，也不似暖耳，虽然烤着火说明是在冬天，但他戴的那个却露出了耳朵。体验过严寒的人都知道，你可以不戴帽子，但是一定要先护住耳朵啊。

暖耳和披肩都可以戴在冠帽外面作头部保暖之用，暖耳的记载还更为常见一些，只是从《酌中志》的记载来看，披肩的地位更高一些："旧制，自印公公等至牌子暖殿，方敢戴（披肩）。其余常行近侍，只戴暖耳。其制用元色素纻作一圆箍，二寸高，两傍缀貂皮，长方如披肩。凡司礼监写字起，至提督止，亦只戴暖耳，不甚戴披肩也。凡二十四衙门内官、内使人等，则止许戴绒纻围脖，似风领而紧小焉。"而在《金瓶梅词话》中也有相关描述："西门庆道：'我知道。'一面吩咐备马，就戴着毡忠靖巾，貂鼠暖耳，绿绒补子褉褶，粉底皂靴，琴童、玳安跟随，往狮子街来。"

披肩似乎在清代前期的仕女画里更为常见，它非常有可能是昭君套、卧兔的前身，或者互相影响。只是披肩在仕女画里很容易和发髻本身的色彩混淆，很多人注意不到。

焦秉贞的《仕女图》介于虚拟和现实之间，当你掌握一定的服饰史知识去看的话，会看到许多有意思的细节，能看出很多来自于画家生活的那个时代的痕迹。然而若是对服饰史一知半解甚至是一无所知，那么对其《仕女图》中那些虚实难测的形象，就会有"搞不清楚这些到底是什么"的感觉。

既然披肩本来是这样的服饰，后来怎么不一样了呢？这是因为汉语当中很多词在使用的时候很难成为专用名词，就如我们知道现在的"披肩"还可以形

图1-115 清代焦秉贞《仕女图》局部

图 1-116　《烘炉观雪》，图②为特写　　　　图 1-117　《围炉观书》，图②为特写

容发型，清代还有将"披肩"指代披领。所以后来披肩词义转化，用来形容一切披在肩膀上的宽松衣物（而且依然不固定）。而那些皮草"披肩"的形象早在清代中期以后就几乎难以看到了。

　　不过披肩这种头上没有顶、像帽子一样起到头部保暖作用的物件，在一些地方还是存在的，虽然与原始的披肩不太像，但结构形制是差不多的。

　　披肩虽然在服饰史里是一件很渺小的东西，但却很有实用价值。现在很多人无论是做仿古服饰还是传统服饰，往往只注重外在"一层皮"，这一弊端在冬装上暴露无遗——要么拿中国古代完全不存在的"暖手筒"凑数，要么让脑洞中的"斗篷"披马上阵。然而，真正值得沿用的实用物件却被遗忘在无知和傲慢里，就很令人唏嘘了。

穿越到 1488 年：
我们路过了大明的江南风烟

公元 1488 年，一个朝鲜文官崔溥，在返乡奔丧的路上，因海上风暴而从今天韩国济州岛一路漂流到今我国浙江省三门地区登陆。在经历海难、海盗以及被误认倭寇、澄清身份等麻烦之后，崔溥沿着京杭大运河一路北上，受到当时明朝皇帝弘治对他的赏赐，而后拿着封赏从辽东经陆路回到朝鲜。后来崔溥奉朝鲜成宗之命写了一本日记体报告，这便是《漂海录》的由来。

时光是一件很有趣的事情，它带走一切，又在夹缝里留下蛛丝马迹，让人欲罢不能地去探求那些历史真相……

图 1-118 铜活字印本《漂海录》，现存最早的《漂海录》版本，韩国高丽大学藏

旧日江山，风貌殊异，故人不存。

如今我们之所以还能看懂这本公元 1488 年的日记，是因为崔溥本就是用中文写成的（反倒是韩国人看不懂）。并且作为科举出身的文官，崔溥的文史知识相当丰富，他虽然没有到过苏杭等地，但是对于沿路所见的典故了如指掌。

一般来说，世界关于中国的游记，最有名

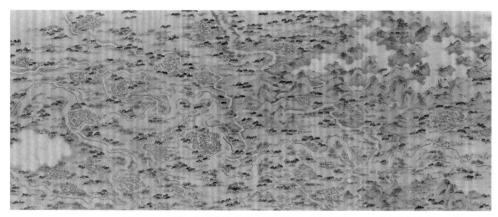

图1-119　浙江省博物馆藏清康熙时期绘制的长达20.32米的《京杭道里图》(局部)

的莫过于《马可·波罗游记》，但是马可·波罗是否真到过中国的问题在学界颇有质疑，中国作为全世界最喜欢记录历史的文明国度，却没有多少史料留下关于他的只言片语。其次是日本僧人圆仁的《入唐求法巡礼行记》，明代则有策彦《入明记》，但是他们的书的特点都是宗教感大于世俗感。而本身是文官出身的儒士崔溥，他所写下的《漂海录》就显得可亲可爱许多了。

当时朝鲜与大明的关系十分密切，由于朝鲜和大明国都都在北方，所以山清水秀的江南对于当时的朝鲜来说是完全陌生的。崔溥可能是第一个到达江南的朝鲜人，所以对他而言，他是来到了一个他前半生在书里读到过无数次却做梦也没想过真正会置身于此的世界，更是当时朝鲜渴望模仿的世界。所以崔溥记录、探究的也正是如今的我们所渴望得知的。不同的是，他与当时的大明朝相隔的是空间，而我们则相望于时间。

崔溥走到了朝鲜人不曾到过的江南，而我们却永远也走不到那时的大明。

杭即东南一都会，接屋成廊，连衽成帷；市积金银，人拥锦绣；蛮樯海舶，栉立街衢；酒帘歌楼，咫尺相望；四时有不谢之花，八节有常春之景，真所谓别作天地也。

首饰于宁波府以南，圆而长而大，其端中约华饰；以北圆而锐如牛角然，或戴观音冠饰，以金玉照耀人目，虽白发老妪皆垂耳环。

对于崔溥而言，大明的江南是新奇的；而对于大明江南的官员来说，崔溥同样是值得探究的。一开始他被误认为倭寇，所以《漂海录》关于大明的记录是从浙江沿海官民的海防开始的。

臣从其言，率从者登途而行。则里中人或带杖剑，或击钲鼓。前途有闻钲鼓之声者，群聚如云，叫号骧突，夹左右拥前后而驱，次次递送。前里如是，后里又如是。行过五十余里，夜已央矣。

……

图 1-120 《送朝天客归国诗章图》

　　良久，又有一官人领兵拥炬而至。甲胄、枪剑、彭排之盛，唢呐、哱罗、喇叭、铮鼓、铳熕之声，卒然重匝，拔剑使枪，以试击刺之状。臣等惊骇耳目，丧魂褫魄，罔知所为。官人与许清整军威驱臣等，可三四里，有大屋舍缭以城郭，如关防然。问之则乃杜渎场，见桃渚所，或云批验所也。城中又有安性寺，止臣等于寺，许留宿焉。臣问其官人为谁？则有僧云："此乃桃渚所千户也，闻倭人犯境，领器械以备于此。因许千户之报，率兵往驱你辈以来。然未知你心真诈，明日到桃渚所将讯汝。"

　　如此训练有素、严谨整齐的布防，可以想见当时倭寇对于中国沿海的侵扰到了何等地步！

　　有趣的是崔溥提到的"桃渚千户所"如今在浙江当地仍有保存，并且是国家级文物保护单位。虽然在几百年的历史中遭受过毁坏，但是依然保存了明代的风貌。桃渚城内格局也依然是大明遗存，十分难得，也是我国仅存不多的明代抗倭文物保护单位了。

　　不同于倭寇，崔溥这个来自藩属国的文官处处要求自己和随从显示"礼义之国"的风范，甚至到了令人感到迂腐的地步。

图1-121　明代银鎏金头面

图1-122　明代金丝鬏髻

又曰："我国本礼义之国，虽漂奔窘遽之间，亦当示以威仪，使此地人知我国礼节如是。凡所到处，陪吏等拜跪于我，军人等拜跪于陪吏，无有过差。且或于里前，或于城中，有群聚来观者，必作揖礼，无敢肆突！"

……

因曰："汝邦屡岁朝贡，义有君臣之好，既无侵逆之情，当遇以礼。各宜安心，勿生他虑。转送赴京，遣还本土。急促行装，不许稽缓。"即馈以茶果。臣即做谢诗以拜。把总官曰："不要拜！"臣不知所言，敢拜之。把总官亦起，相对答礼。

正是他所表现出来与倭寇迥异的仪态，才令他一行人不至于真的被当作倭寇。当他被大明官员调查清楚是朝鲜人以后，便被赠物关怀，一路护送上京。那句话怎么说的，对待敌人要如秋风扫落叶，对待友人要如春风化细雨。那时的朝鲜，那时的大明，还有那时的日本，它们之间的关系，在崔溥的所述经历中一目了然。

朝鲜，仿佛是一个缩小版的大明，却并不是另一个大明。

正是由于盘问的存在，让我们可以从《漂海录》里了解到当时的朝鲜以及作为朝鲜人的崔溥对于两国关系的认知。

又问曰："汝国地方远近几何？府州几何？兵粮约有几何？本地所产何物为贵？所读诗书尊崇何典？衣冠礼乐从何代之制？一一写述，以凭查考。"臣曰："本国地方则无虑数千余里；有八道，所属州府郡县总三百有余；所产则人才、五谷、马牛鸡犬；所读而尊崇者，四书五经；衣冠礼乐则一遵华制；兵粮则我以儒臣未曾经谙，未详其数。"又问曰："汝国与日本、琉球、高丽相通乎？"臣曰："日本、琉球俱在东南大海中，相距隔远，未相通信。高丽革为今我朝鲜。"又问曰："汝国亦朝贡我朝廷否？"臣曰："我国每岁如圣节、正朝贡献愈谨。"又问曰："汝国用何法度？别有年号乎？"臣曰："年号、法度一遵大明。"

……

又问曰："你国尊何经？"臣对曰："儒士皆治四书五经，不学他技。"又曰："你国亦有学校否？"臣对曰："国都有成均馆，又有宗学、中学、东学、西学、南学；州府郡县皆有乡校，又有乡学堂；又家家皆有局堂。"又问曰："崇尊古昔何圣贤？"臣曰："崇尊大成至圣文宣王。"又问曰："你国丧礼行几年？"臣曰："一从朱文公《家礼》，斩衰、齐衰皆三年，大功以下皆有等级。"又曰："你国礼有几条？刑有几条？"臣曰："礼有吉、凶、军、宾、嘉；刑有斩、绞、流、徒、杖、笞。一从大明律制。"又曰："你国用何正朔？用何年号？"臣曰："一遵大明正朔年号。"又曰："今年是何年号？"臣曰："弘治元年。"又曰："日月不久，何以知之？"臣曰："大明初出海上，万邦所照，况我国与大国为一家，贡献不绝，何以不知？"又曰："你国冠服与中国同否？"臣曰："凡朝服、公服、深衣、圆领，一遵华服；唯帖里、襞积，少异。"

从这些对话中我们不难发现，当时的朝鲜几乎是再造了一个缩小版的大明，然而在另一些对话里却发现，朝鲜在很多地方是一个"过犹不及"的大明。

图 1-123　明末曾出使大明的朝鲜官员南以雄，此为 1627 年画像

图 1-124　南以雄 1706 年画像

图1-125　崔溥墓及墓碑特写

比如大明官员向崔溥打听朝鲜国王的名字，崔溥以儒家伦理拒绝回答，而大明官员却说"越界无妨"，而崔溥依然有些迂腐地拒绝了。这其实放到今天也让人感到有些熟悉，中国人的思想实际上是很变通的，并不会死板地故步自封，要不是有这样的意识，又哪来的包容万物的气度呢？然而这个"原则问题"在崔溥看来却是不可撼动的。

类似的场景还有，崔溥是奔丧途中流落大明的，所以他恪守三年不吃荤腥、不喝酒的儒家伦理，并且他一直穿着丧服，但是他所遇到的自称"隐儒"的人却不知道这一点，甚至还问他这样穿着饮食是不是因为信佛。在崔溥口中，朝鲜"不崇佛法，专尚儒术"，但是他所见的大明却"尚道佛，不尚儒；业商贾，不业农"，甚至民间还有些奇怪的信仰，这在他看来都属于"淫祀"。

真实的大明着实低于崔溥和一干朝鲜人的想象，它并非是一个完美无瑕的礼义大国，甚至可能也不是一个博大精深的儒学大国。崔溥记载中的大明，美好的地方或糟糕之处都很真实，它有令崔溥惊叹的富庶城市，也有让崔溥鄙夷的吏治弊端。

而崔溥本人也因为这本《漂海录》和他毕生奉行的儒家伦理而获罪。在我们看来，守礼到有些迂腐的崔溥恰恰因为在服丧期间写了《漂海录》而被认为违反"礼"，更因此被拖入政治漩涡，最后死于非命。纵观崔溥此生，前半生似乎是为了来到大明而学习，后半生仿佛也是为了成就《漂海录》，是是非非散去之后，只有《漂海录》历经几百年而不朽。

当我们假借这本《漂海录》重新回到公元1488年，有些东西变了，有些还残存着，历史始终如此……

观察力的检验标准：
马面裙

"马面裙"这种裙子的形制在明清和民国时期都十分流行，所以就算大家不知道它叫什么，多数也见过它长什么样子，毕竟它的出镜率真的很高。

然而，这个裙子看起来很简单，结构上的陷阱却特别多，导致影视剧里出镜的马面裙真要深究其细节的话，几乎都要阵亡。别说影视剧了，许多复原古装的人也只是把马面裙做对了那么一点点而已。

嗯，你说不清楚什么是马面裙？好吧，我们先来简单介绍下这种裙子的定义，也就是说，何为马面裙。

马面裙的基本形态很简单，就是正面看过去有一个光面（不打褶）而两侧打褶的裙子。那个宽宽的不打褶的光面就被称作"马面"，马面裙也是由此得名的。

马面并非大家认为的"牛头马面"的那个意思，而是一个来源于建筑学的词汇，指的是城墙体系中一种用于防御的结构，也叫"台城"。至于是何时、因何故，这种建筑上的词汇和服饰扯上了关系，那就不清楚了。

那么，马面裙都有哪些结构上的陷阱呢？

图 1-126　马面裙

图 1-127   马面裙的马面

陷阱一：马面

第一个陷阱就出在马面上。

我们之前说了，那个不打褶的光面叫作"马面"。既然用"不打褶"去描述它，当然是因为这个马面并非另外添加的，其纹饰原本就在裙子的结构当中。也就是说，马面必然是裙子整体面料里的，并非另外挂上去的一个像"舌头"一样的东西。

尽管马面裙的主体结构一直变化不大，但是由于各朝审美趋向不同，导致其样式也大有不同。比如自清代开始，当时的人们就特别喜欢装饰这块马面，把这个光面搞得花里胡哨的。于是在视觉效果上，中间这块就好像是独立的一条，然而它并没有独立出来，是结构中的一部分。

可惜许多影视剧的服装设计并不知道这一点（他们甚至连查都没查过就想当然地设计了他们的裙子），所以我们常会在影视剧里看到这样的情景：好端端的一个裙子，非要在正当中单加一块布，像一个"舌头"一样。然而它其实并不好看，因为人是会动的，穿着这种裙子的人一旦动起来，"舌头"也要跟着动，于是这个裙子就会显得有些凌乱。天知道，本来的马面就在裙子上，才不会这么晃荡。

陷阱二：前后对称

只要看过真实的马面裙平铺图，我们就可以知道，马面裙是前后对称的。就是说，它前面有一个光面，后面也得有个光面。

然而如果顺延"陷阱一"的思路就会变成，做一条褶裙，在前面挂一片好看点的布条，在后面还得再挂一条。这就会导致一件事，后面忘记挂了……

还有一种可能，这些大概连戏曲服装都
没有参考的服装设计师，是受了苏格兰裙装
的影响。苏格兰裙子正面看起来似乎和马面
裙很像，都是有一截光面未打褶的部分，但
是背面就是一堆褶子。

陷阱三：马面裙有几个马面

其实马面裙和苏格兰裙还有一点类似，
那就是两者都是围穿的（民国以后那种发展
出套穿的不算）。这是什么意思呢？围穿，
顾名思义，这条裙子本身就是一块布，然后
在腰间围起来穿着，绕成一圈多，所以才看
起来是裙子。

如果这个陷阱只是讲这个裙子是围起来
穿的，那层次就未免太低了。所以我们真正
要说的是——马面裙看起来似乎是一块布围
起来，但其实它是两片式的，两个马面并不
在同一块布上面。你可以想象，一条马面裙
是两块布被重叠地缝在一起了，而每块布都
是两头光面、中间打褶，重叠的宽度正好是
一个光面的宽度。也就是说，重叠拼合的地
方在正前方和正后方，而不是今天比较习惯
的在两侧或单侧缝拉链。再解释一下，就是
两块布，两边把光面重叠在一起，就形成了
一个完整的裙子，然后穿的时候，把重叠的
部分穿在正前方和正后方。所以，马面裙其
实并非只有一个马面，也不是两个，而是四
个。两两重叠，前后对称。

清代开始装饰马面，被重叠在下面不露
出的部分就不装饰。这个马面也叫"裙门"，
既然是门，当然是可以开合的啦。

①

②

③

图 1-128　图①为马面裙收拢形态，
图②、图③为展开形态，收拢时只
能看到一个马面，展开后可以看到
两个甚至三个马面

图1-129　民国初年礼服像，绘于1912年至1913年间，炭粉水墨纸本。这张肖像中的服饰可比对1911年《服饰草案》中对女性礼服的规定，是很好的视觉资料。女子身穿的服饰即披风，上穿江牙海水鹤穗八团黑色披风，下为大红凤栖牡丹马面裙

图1-130　禹之鼎画中清初风流如斯的马面裙

陷阱四：褶子的方向

说了很久马面的事情，现在来说说侧面的褶子。这里我们说的是一般的褶子，需要排除鱼鳞褶，因为它的走向与这里说的褶子不同，也排除后来发展出来的无打褶形式，毕竟都没有打褶了，自然也就不算褶子了。

通过马面裙实物可以看到，它的褶子是对称地向中间靠拢的，而不是有些人想象的"一边倒"。

其实马面裙的很多细节可以看出时代性，不仅仅体现在裙门上，清代裙门装饰较多，而明代就比较素。在打褶这件事上也可以看出时代性，明代的褶子一般，清代的褶子则较多且密，还特别工整。

陷阱五：会不会走光

把马面裙的种种特点综合到一起，大家就会发现——咦，这裙子完全没法穿嘛！前后都开门，分分钟要走光了……

说的没错，但是，谁也没让你把它裸穿啊。

现在大家对于裙子的认知就是裸穿，里面最多加一条打底裤。然而古人可不会这样子穿。且不说裙子里面可能还有裙子，裙子下面还有裤子，裤子里面还有裤子……当然它们还是会有区别的，总之就是古人里面穿得很多，完全不用担心走光的问题。

与其说马面裙是裙子，不如说它是没有裤管的裤子。因为重叠的裙门正好贯穿了前后的中间，而侧面反而是封闭的。这点和很多款式为侧面开衩的衣服不同，比如旗袍，所以它对于行动的妨碍极小。

穿着马面裙迈个门槛那是轻轻松松，而且作为一条可以任意骑跨的裙子，穿着它理论上还可以骑马。

最后送大家一张禹之鼎的画，来看看清初风流如斯的马面裙。

服饰史上一个误会：
披风是斗篷

大家普遍有一个印象，披风就是斗篷，斗篷就是披风。然而这着实是一个误会，简直可以称得上是服饰史上第一错案。

用一句话概括披风和斗篷的区别就是：斗篷无袖，披风有袖子。

不过还是有许多细节需要梳理，所以请把本节看完，如果真的一句话就可以结束，也不至于有这么一大篇文字了。

披风最典型的模样是立领、无帽、无袖，一般后面有开衩，将人整个笼盖。许多服饰款式四季可穿，无非就是冬夏选择的材质不同。而斗篷不一样，它专属于寒冷的季节，所以一般还会搭配雪帽、风帽之类。

斗篷的设计原本是不方便手部有动作的，只是让人御寒罢了。由于现在许多影视剧需要使用斗篷增加人物的风度气场，所以就变成前面开口不闭合的"拉风式"穿法。

图 1-131 清代缎地绣花斗篷

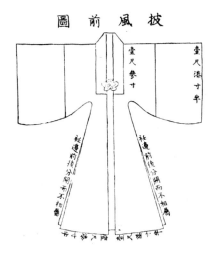

图 1-132 《清俗纪闻》插图，披风样式

图 1-133 《燕子笺》插图，披风样式

图 1-134 《朱舜水谈绮》插图，画中开门的女子即着披风

斗篷是清代的产物，清代以前没有出土文物、没有匹配文献、没有确凿图像。图 1-139 那个大红色斗篷，正是曹雪芹那个年代十分流行的，所以他在《红楼梦》里写了各种猩红斗篷。

后来随着清代在整体服饰上的审美变化，斗篷上的装饰也渐渐变得繁复了。

披风若是不说其名只观其形，它就是一件普通衣服、正常的衣服，对服饰史了解不深的人可能一下子根本看不出来这就是披风。

披风从明代开始流行，最早是男性的服装，后来女性也会穿着，一直延续到现在的戏曲舞台，是少有的男女通穿服饰。但是，披风男女通穿，不代表真的一件衣服可以老公穿完老婆穿，在很多文献里特别提到了"女披风"一词，可见早期这两者是有区别的。这种披风的特点就是直领、对襟、衣缘不会全部装满，并且两侧开衩。具体情形，后面会详细介绍。

此外，女子还有一种披风，源自于明代女性的立领衫子，基本形制是立领、对襟、两侧开衩，会在领子处缀金属子母扣，而在胸前缀系带。进入清代以后，这种款式的披风成为女子披风主要传承的款式，只是相对于明代多了一些清代审美的装饰。由于这种款式在戏曲里也被称作"闺门帔"，所以为了区别于前面介绍的披风，我们也称这种披风为"闺门帔"。戏曲服饰里也有这种款式，叫作"女褶子"。

不清楚从何时开始，大家混淆了披风和斗篷的概念，许多正式场合也常将两者等同起来，但它们分明是两种完全不同的服饰。斗篷有点类似雨披（不是雨衣，雨衣是带袖的特殊衣服），没人会将这样的衣服穿在屋子里，就算你风尘仆仆地把它穿来，也要在进门时脱掉。而且斗篷可以穿在披风外面。披风则要日常许多，是一种很常见的款式。

总之，只要看到斗篷和披风的实物一眼，就不会把它们搞混。

明代女子直领披风

这里详细说说明代女子的直领披风。

如果细细去探寻女性时尚的历程，就会发现，从男人的衣柜里拿衣服穿真是一条便捷的道路。当然现在很多男性已经开始从女人的衣柜里拿衣服穿了，但是在很长的历史时期中，穿男人的衣服是一种时髦。而明代的女性直领披风，正是从男性的衣柜里拿来的。

没有什么服饰是无缘无故出现或消失的。这种女性穿的服饰不会出现得很早，因为男性披风没有普及到一定程度的话，不会辐射影响到女性。这种女性直领对襟披风是明代后期出现的，在当时是一种时髦的休闲服饰。因此，即使同是明朝的服饰，也不能硬拉到一起。比如，目前普遍流行的仿明代袄裙都是短衣长裙，这是明代早期的流行款式，而直领披风是后期出现的服饰，两者是怎么都不可能搭配在一起的。

纵观服饰史，有一条暗线，就是前朝的便服到了后面的朝代会荣升为常服甚至礼服。当然，这条线并不是必然的，但是对这里说的披风却是适用的。明朝时它还是一种休闲时装，到了清代则成了礼服。

事实上，在明代，无论男性还是女性的披风，都是"休闲服"系列。今天的人们很容易拿它在清朝获得的"地位"去套用到明朝，尤其这种款式一直到现在的戏服里都还有。但是要知道，服饰一旦登上戏曲舞台，就会被刻上许多加工的痕迹。而由于后来的披风礼服化的印记太重，人们对披风这种

图 1-135 《乾隆南巡图》局部

图 1-136 戏衣（清康熙纳纱深蓝地方棋博古纹女帔）

图 1-137 清早期竖领对襟的披风（闺门帔）

图 1-138 红缎绣花儿童斗篷

图 1-139 斗篷最典型的样子

图 1-140 1903 年慈禧穿斗篷的照片

服饰的来由又不求甚解，才造成了如今仿明代披风也是浩浩荡荡地被当作礼服使用。可惜的是，清朝的时尚不等于明朝的审美。

我个人感觉，现代人骨子里是偏爱清代那种审美的，喜欢那种显眼的艳丽与繁复的精致。相较之下，明代的审美未免有些粗略而寡淡。

清初的服饰或许与明末难辨，但是清早期的服饰则已经显露出自己的风格了。首先是袖子以直袖为主，袖口与领子都有装饰，部分披风还有了团花装饰。

而从清中期的一些戏服可以看到，虽然此时戏服已经习惯了用白领子，但是取而代之的是衣身上满满的绣花或装饰图案。

很多东西是没有对错的，比如审美，比如个人选择。你可以选择明代披风或者清代披风，甚至可以自己创造一个，这都没问题。不过要把个人创造硬加到历史头上去，那就有问题了。至少,请尊重一下历史吧。

衣领：脖颈间的风流

衣领，是衣服一个必要的组成部分。

我们对古人衣领的印象可能多是来自于影视剧里"y"字形的交领，事实上，有些大衣领的形制容易让人误以为是对襟，只有通过细细观察才能发现它们的真实面目。而到明清的时候，立领的出现使交领再次发生了变化。

这些都是服饰史上关于衣领的非常有趣的事，有趣就有趣在它们不是那么规规矩矩的一眼就能让你辨认出来的交领。下面让我们来具体看看它们到底是怎么回事吧。

大领子有大学问

我们常见一些古装服饰里出现十分敞开的交领，而设计师处理它们的方式也十分粗暴，就是直接将服饰做成这个样子。这其实与现在服装设计缺乏对褶皱造型美感的理解，一味遵从立体剪裁的思维有关。

图 1-141　北齐徐显秀墓壁画中的徐显秀夫人

图 1-142 皆为北魏杨机墓出土的女俑，可以看到几乎也是"大领子"

图 1-143 北朝绞缬绢衣

当然，中国历史悠久且幅员辽阔的好处就体现在这里，你总能找出类似的历史参考文物，比如"大领子"就可以参考北齐徐显秀墓壁画以及北魏杨机墓女俑。

一般来说，有明确纪年、墓主在史书上有传、本身还有完整墓志铭的墓葬会格外受重视，它们就像是一个历史的坐标，尤其对于相对短暂的朝代来说，它们简直就是"标准器"。徐显秀就是这样的墓主，他的墓是北齐保存最为完整的壁画墓。不过本节与他本人无关，我们只聊墓室北壁上宴饮图中间墓主夫人的装扮。

看了壁画上的墓主夫人，我们会惊觉于她穿了一件领子开得十分大的交领上衣，这似乎迥异于我们对交领衣服的理解。其实北朝类似的装扮还是很多的，只是由于大家相对更关注有名气、国祚长的朝代，所以对南北朝里那些更迭频繁而又命短的朝代的糊涂账不太关心。

但是徐显秀夫人这个领子却不是剪裁出来的，而是穿出来的。是怎么穿出来的呢？这件衣服平铺又会是什么样子呢？

中国丝绸博物馆恰好有一件类似款式的衣服——北朝绞缬绢衣。

单看这件北朝绞缬绢衣，平铺的时候看上去似乎只有底部才会交叠一点点很浅的交领。那么，发挥一下想象力，这衣服真正穿起来莫非是对襟的效果？然而事实上我们熟悉的对襟服饰在平铺的时候并不是这样子的。

徐显秀夫人的壁画画像刚好解决了这一猜想问题——北朝这件衣服其实就是徐显秀夫人身上那件领子开得很大的服饰的板型。

大家不用惊讶这两件衣服是怎样联系在一起的，这背后的逻辑其实十分简单，和服就是这个案例的最佳队友。和服平铺来看也是近似对襟的浅交领，穿起来却可以形成角度明显的交领。当交叠角度变大的时候，领子的一部分余量就会堆叠在脖子后面，这就是为什么和服背后可以露出一截脖子的来由。

从徐显秀夫人的画像里，我们可以观察到她背后领子的线条不是平直或者向上凸起的，而是向下凹陷的。这表示她脖子后面的衣服有多余的余量，与和服穿出来的效果是完全一样的。

所以这一结论不是误打误撞，而是通过观察细节和已知的服饰逻辑推测出来的，然后再用实践来检验这个效果——因为真的有古装爱好者按照文物的情况制作了实物，穿起来正是壁画里的样子。

其实，有的衣服甚至是故意要做成这样，目的就是模仿这种穿着和平铺有所区别的取巧之处。

中国丝绸博物馆有一套明初钱姓女子三件套的藏品，这套衣裙从外表上看无疑是对襟，可惜一些细节却出卖了它——它的穿着效果应该是一件左衽交领。这是因为，它的右边比左边做得更宽大，因此右边的领子也更长。更重要的是，它左腋下的位置有系带，与右片中间的系带相呼应，意思不言而喻，那就是需要相交之后来系上。

这种"对穿交"的现象绝非个例，至今一些少数民族的服饰里也依然存在。不过这类衣服有的会将下摆处理成圆弧状，这样穿成交领之后，下摆便不会出现错拼的效果。

所以说，有关服饰的魔术，我们玩了上千年也没有腻。

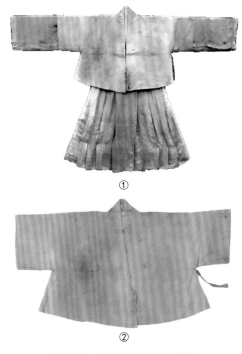

①

②

图 1-144 明初钱姓女子三件套，
图①为整体，图②为外套

图 1-145   明宪宗时期的一张行乐图

图 1-146   明代女子常用金属子母扣,一般尺寸极小,长度 2 到 3 厘米,宽度 1 厘米左右

图 1-147   明代中期文物,通袖长 217 厘米

图 1-148   宁靖王夫人吴氏墓出土文物

图 1-149   孔府立领斜襟传世实物

立领:与女人有关的四百年

这里提前说明一下,涉及明代服饰的时候的确用"竖领"这个词语比较多,不过既然不是做学术,我们就不那么严肃了,这里统一用"立领"来表示——事实上清代也有使用竖领的衣服,竖领并非明代服饰专属词汇。

一般来说,如果对明代女装稍有认知,可能会觉得明代女装上衣大概形式是这样的:相对显得较短的上衣,伸出两只长长的袖子,衣领形制为直领斜襟。

比如有一件文物就是这类印象的典型代表:它的年代为明代中期,通袖长 217 厘米,衣长 75 厘米(这个长度一般身高的女性穿起来都可以过臀了,所以它其实不是短衣),衣领处正是直领斜襟,即所谓的"交领"。

在明宪宗时期(公元 1465 年至 1487 年,相当于明中期)的一张行乐图中,我们可以看到许多女子穿着类似的交领服饰,并且在领子上还有另缀领扣的痕迹。

一般来说,这种交领上面缀领扣的形式,被认为是明代立领的起源。

而在稍晚于宪宗、葬于 1504 年的宁靖王夫人吴氏墓中出土了一件衣服,是件短袖棉衫,长度 55 厘米,宽度 66.5 厘米,大概判断为内衣。它的领子处特别缀有系带,作用应与缀扣相仿。

这种直领斜襟式的交领与立领的传承演化过程,在孔府的一件传世实物中看得更为清晰、真切。

在稍晚一些的正德时期（公元
1506 年至 1521 年），出土文物中的
立领对襟显示，这种款式的元素已然成
为一种成熟度极高的样式了。典型代表
文物中立领对襟的领子部分特别用了缎
料裁制，领高 8.5 厘米，衣长 69 厘米。
可以说，此时的衣服整体款式与立领样
式极为成熟，已经看不出任何斜襟或者
直领的痕迹了。

时间线继续往后推进，明神宗（公
元 1573 年至 1620 年在位）定陵所发
掘的女装中，没有一件是早期的那种直
领斜襟式交领。虽然宫中女性的穿着不
可代表全体明朝女子的服饰，但是也足
可窥见女装服饰潮流的瞬息万变。

作为明代女性最后穿着的服饰，立
领服装过渡到清代时依然存在是毋庸置
疑的。由于旗人的服饰以"衣不装领"
为特色，所以彼时汉人女子的立领显得
极有特点，这也是清前期汉女装与旗女
装的主要区别之一。

这种旗装无领或缀假领而汉装（特
指女装）立领的趋势一直流行到清末，
即使清晚期各种流行款式的衣服都已出
现的时候，立领也还没有加入到旗装的
"套餐"当中来。立领真正进入旗装系
统的时间很晚，几乎已经是清末了。任
何变化都不是一蹴而就的，立领进入旗
装系统其实也是一个渐进的过程。尽管
旗装一直有类似缀立领的形象，但是立
领真正确认在旗装中的地位，则是在清
末到民国中期的这段时间。

图 1-150　正德时期出土实物

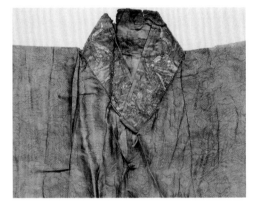

图 1-151　定陵出土实物的立领特写

图 1-152　图①为旗装女子，图②为汉装女子，可
见领子不一样

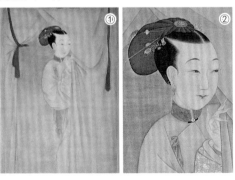

图 1-153　穿着缀有假领的清代早期旗装女子，
图②为特写

图 1-154　注意画中的女装

图 1-155　旗装的领子是平的

图 1-156　旗人便装女性，衣长至地面，大襟无领

图 1-157　汉装女性，衣下有裙，斜襟立领（服饰或有艺术化成分）

可以看出，立领在大约四百年的时间里，都是女人的专属，尽管后来淡化了这种标识感。但是由于有其他立领衣服的掺杂，我们现在已经无法分清到底哪些才是精确地传承了传统的立领，哪些是西式剪裁中的立领。

我们一方面将立领看成中国元素的标杆，一方面又对传统立领究竟应该是什么面貌不甚清楚。不得不说，这其实是有一点令人伤感的事情。

别拿低俗当噱头：
古代的内衣

在各类衣服当中，有一类衣服很重要，却容易被拿来当成低俗的"噱头"。

这就是内衣。

肚兜才不是胸罩

在很多人的印象里，古代的"肚兜"是女人的内衣。用现代人的思维去想女人的内衣是啥，那就是"Bra"，中文俗称"胸罩"。

所以公式出来了：既然"肚兜"等于"胸罩"，又因为"兜"和"罩"的意思差不多，所以等式简化以后就是——"肚"等于"胸"！

是不是觉得很好笑？

其实，肚兜并不等于胸罩，也不能代替胸罩。肚兜也叫"兜肚"，古称"袜肚""袜腹"。这里要特意说明一下，这里的"袜"不是后来简化成"袜"的"襪"，而是"袜"这个字本身的意思，它的繁简体都是"袜"，念 mò，有系、围、遮盖的意思。

图 1-158 孙璜绘《仕女图扇图页》，图中为明末女披风（弗利尔美术馆藏）

图 1-159　闽南肚兜

图 1-160　肚兜

图 1-161　南宋《小庭婴戏图》局部

图 1-162　画中儿童穿着肚兜

那么古人是怎么捂着胸部的呢？要知道，现代塑形文胸并不是女性内衣的常态，无论中外都是如此，它的发展期始于 20 世纪中期（所以民国旗袍一直都没有胸部曲线的设计）。实际上，古人那种可以比拟现代文胸的东西叫"抹胸"。

很多人有一种错误的印象，总觉得抹胸和肚兜是同一件东西，但持此观点的人却不一定知道这一印象来自哪里。答案可能是《清稗类钞》，这本书成书大约在民国初。里面写道："抹胸，胸间小衣也。一名'袜腹'，又名'袜肚'。以方尺之布为之，紧束前胸，以防风之内侵者。俗谓之'兜肚'。"尽信书不如无书，但又不可不信书。只是这个观点后来被一些辞书收录，造成了比较广泛的错误印象。

关于抹胸，在诸如《醒世姻缘传》《金屋梦》等近现代作品中都有相关描述，如《金屋梦》中写道："又见个女鬼甚是标致，上下无甚衣服，裹着个红绫抹胸儿，下面用床破被遮了身体走来。"

应该说，抹胸确实是用于束住乳房的，并非肚兜这样的"方尺之布"，因为它至少得能用"裹"这个动词。现在虽然也有同名的"抹胸"，但与古代的抹胸显然也是有差异的，因为古代的抹胸是不会露出肚脐的。

那么肚兜的穿着情况又是怎样的呢？就内衣而言，肚兜不是必需的。简单来说就是，抹胸必须穿，就像《金屋梦》中提到的女鬼，哪怕只"用床破被遮了身体"，却还是裹了抹胸，但是肚兜不一样，它并非必需的。

来看看相关作品里对肚兜的描写。《广陵潮》："不多一刻，花枝也似的走过一个女孩子来，身上已换了一件白纺绸褂子，胸前隐隐露着一方猩红肚兜，一直齐到胸口。"《红闺春梦》："你说我不喜带兜肚，我哪里好意思。"

另外，肚兜并无性别要求，男人一样是可以穿肚兜的。《红楼梦》里面贾宝玉就穿过，并且这里提及了穿着肚兜的作用。"原来是个白绫红里的兜肚……袭人笑道：'他原是不带，所以特特的做的好了，叫他看见由不得不带。如今天气热，睡觉都不留神，哄他带上了，便是夜里纵盖不严些儿，也就不怕了。'"原著中贾宝玉年纪不大，所以这里其实更应当把他作为孩童看待。

肚兜作为保暖养生之用，是有略为正式的学术记载的。如《老老恒言》中写道："腹为五脏之总，故腹本喜暖。办兜肚，将蕲艾捶软铺匀，蒙以丝绵，细针密行，勿令散乱成块，夜卧必需，居常亦不可轻脱。又有以姜桂及麝诸药装主，可治腹作冷痛。"这种被称为"衣冠疗法"的传统医学，今天也常可以看到一些文章会提倡。

早期婴戏图里还可以看见穿着像大人衣着的孩童，到清代婴戏图就被穿肚兜的小孩子占领了，这种既定的"胖娃娃"形象一直沿用至今。《元朝秘史》："太祖军在塔塔儿营盘里时，拾得个小儿，鼻上带一个金圈子，又金综丝貂鼠里儿做兜肚。"《金瓶梅》："官哥儿穿着大红毛衫儿，生的面白唇红，甚是富态，都夸奖不已。吴大舅、二舅与希大每人袖中掏出一方锦缎兜肚，上带着一个小银坠儿，惟应伯爵是一柳五色线，上穿着十数文长命钱。"可见孩童所穿的防风保暖用的肚兜还可以加一些带有祝福意义的装饰，作为礼品送给孩童。

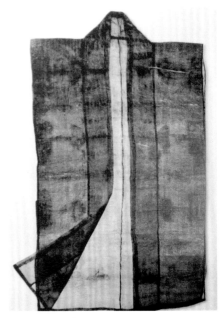

图 1-163　无袖对襟褂子

①　　　　　　②

图 1-164　一双膝裤（友情提醒一下，这不是"袖套"，不要被误导了）

此外，许多小说里还出现了一种明显与上面这些都不尽相同的肚兜，从功能上来说更像是哆啦A梦的"神奇口袋"。如《豆棚闲话》："孔明却长迟先一岁，认作哥哥，先在肚兜内摸出十个钱来，六个钱买块豆腐，四个钱买了蜡烛。"《酌中志》："像金铸者，曾经盗去镕使，唯像首屡销不化。盗藏之肚兜，日夜随身。"《彷徨》："斜对面，挨八三坐着的一个胖子便从肚兜里掏出一柄打火刀，打着火绒，给他按在烟斗上。"

好家伙，看这些描写，感觉在今天可以从里面掏出一台手机来，而且承重性能也不弱。大约就是一种可以放东西的腰包，简直旅游必备。

其实，还有一种与肚兜外貌相似但是穿在衣服外面，有点类似围裙的用法，这种也可以叫肚兜。在这个词上，古人充分体现了对名词使用的随意性。

绘画中教会我们的服饰文化

研究古代服饰，难免要从古代文献和文物中探寻，而在内衣的研究方面，有些禁图却会表现一些我们从别处甚难获得的服饰信息，比如"亵衣"。

我们平常看到的人物都是穿戴整齐的，很难猜测他们究竟穿了多少层衣服，是怎样的层次顺序，尤其内衣又是怎样的。这时一些禁图便可以发挥它们的正面价值了。

平常从外面看不到的服饰重要么？答案当然是非常重要的。

今天我们会根据外衣挑选内衣的颜色和款式，因为我们知道哪怕看不见，它依然在影响我们的整体形象。而内衣的发展也会影响外衣的模样。

比如，我认为，民国年代无法拥有开衩到腰部的旗袍，因为那时候还没有三角内裤，所以露出来的将不会是大腿，而是裤衩或者衬裙。至于民国旗袍为何像块平板，因为那时候也没有调整型内衣，所以当时的女人们得用自然的胸部去追求"前凸后翘"。

在某幅并不出名也不精致的禁图中，女子脚踝上扎了一种"膝裤"，膝裤之上是红色的裤子，裤子之外是马面裙，并且展示了马面裙前面开口的特殊结构——这些都是很珍贵的信息，告诉了我们这些衣服的细节和它们到底是怎么个穿法。《金瓶梅》中曾多次描写各种华贵的膝裤。事实上，裙子自然垂下的时候看不到红裤，却可以看到膝裤，并非我们原先所以为的长裙曳地。

而女子上身穿着对襟无袖的上衣，被称为"褂子"（对襟褂子男女都有，也不一定局限于无袖），露出里面的抹胸，就是前面说的那个必穿的东西。这种服饰介于穿戴整齐和性感裸露之间。类似这种褂子加抹胸的搭配，才是基本的女性亵衣（即内衣）系统。

附：那些年《金瓶梅》带我们看到的世界

如果说前面说的是"禁图"，那么《金瓶梅》可以说是一部"禁书"，但在学术上，它其实是一部世情小说。这部作品对服饰史也有着不同的意义，因为它反映了一个时代的服饰信息。

尽管故事从《水浒传》出发（用现在的说法，《金瓶梅》是《水浒传》的"同人"小说），写的似乎是一段宋代的故事，然而好像从没有人认为它可以用来佐证宋代相关历史细节，因为无论从哪个角度看，这都是一部实实在在描写明代中晚期故事的小说。相应的，它反映了明代的一部分服饰的情况。

这里插一句题外话，《金瓶梅》原著的地位之高，其实原本不亚于《红楼梦》。《金瓶梅》本身就是"四大奇书"之一，后来这个叫法被换成了我们更为熟悉的"四大名著"，《红楼梦》也顶替了《金瓶梅》的位置。

尽管这些小说都已经被归类为"白话"了，但是许多人看起来还是很吃力，除了语言习惯有差异（其实大家去看早年梁羽生、金庸的小说，也会有这个烦恼），还会出现一些奇怪的名词，有些是字不认识，有些是字全认识但是拼起来却不懂在说什么。这些问题多了，就会影响看文的连贯性和心情。

比如第十四回的这一段："李瓶儿打听是潘金莲生日，未曾过子虚五七，李瓶儿就买礼物坐轿子，穿白绫袄儿，蓝织金裙，白绉布鬏髻，珠子箍儿……"

图 1-165 清早期《金瓶梅》插画

图 1-166 清同治年间《红楼梦》插画

图 1-167 "海马潮云"是纹样题材，着重提了"一尺宽"，突出其华贵，而"羊皮金"则是用极薄的皮金纸镶在了裙沿（看看真的土豪是怎么低调炫富的）

图1-168　明代金属子母扣，这些扣子其实往往尺寸极小，长度不过3厘米左右而已，可见工艺之精巧

图1-169　衣服中间与衣身不同衣料、颜色的部分即"眉子"

其中"白绫"是材质，"织金"是工艺，而"鬏髻"则是明代妇女正式场合的一种发饰与发型的组合，还着重提了头上有"发箍"。想象一下，绫是一种比较有光泽的料子，配上织了金线的裙子，蓝白对比分明，靓而不艳。

再举一例："只见潘金莲上穿丁香色潞绸雁衔芦花样对衿袄儿，白绫竖领，妆花眉子，溜金蜂赶菊纽扣儿，下着一尺宽海马潮云羊皮金沿边挑线裙子，大红缎子白绫高底鞋，妆花膝裤，青宝石坠子，珠子箍——与孟玉楼一样打扮……玉楼在席上，看见金莲艳抹浓妆，鬏嘴边撒着一根金寿字簪儿，从外摇摆将来。"

"竖领"其实就是立领，"妆花"是明代极为贵重的工艺，"眉子"是单独装饰在衣服上的类似贴边的东西。由于明代后期的女性服饰大量使用金属子母扣，所以各种扣子的名字也就不鲜见了。另外，这里还提到了明代女子的高底鞋。

除名词外，作者一点也不嫌累赘地加了许多与工艺、面料、纹饰有关的定语，如果细细品味，就可以感受到潘金莲这一身既精致雅致又超级富贵。

有人说，《红楼梦》的流行是源于大家没那么有钱了，便很难再理解"西门庆"等人的那种低调奢华的生活状态。这么说当然对《红楼梦》不甚公平，然而许多起居文化的变迁，确实再难令人感受到《金瓶梅》里那个原本美丽的世界。

嫁衣可不都是"凤冠霞帔"

说到古代中国女子嫁衣的时候，人们往往会提到一个词："凤冠霞帔"。

那么到底什么是凤冠霞帔呢？

这是一个组合词，从字面上看应该是指两件东西：凤冠和霞帔。凤冠是脑袋上戴的，霞帔是身上披挂的。

对于一套装束而言，显然还缺少很多东西，比如跟凤冠搭配的衣服应该穿什么就没有说。所以，这里我们来谈谈怎样的一身装扮才能称为"凤冠霞帔"。

无"凤"无"帔"怎称"凤冠霞帔"

现在用网络搜索出来的所谓"凤冠霞帔"，很多都不是真的凤冠霞帔，因为头上戴的既没有"凤"，身上披的也没有"帔"。

在凤冠与霞帔之中，比较容易得到的是凤冠，因为现在戏曲里还有凤冠，去拿一个戴着玩玩还是很容易的。比如影视剧《还珠格格》里，小燕子就曾穿过这样一套，头上戴的就是戏曲里的凤冠。这一身也是目前中式"凤冠霞帔"摄影中比较常见的搭配。

图 1-170　明代形象，红蟒袍，官绿江崖海水蟒裙

不过小燕子身上穿的却不是霞帔，而是一件戏曲"云肩"。霞帔对于现代人来说非常陌生，原因多种多样，但主因是：进入清代以后，汉族女子原来的服饰等级失去官方依托而产生了剧烈的变化，导致原本等级很高的霞帔不仅被滥用了，还混杂了许多奇怪的东西进来，与原版的模样已经南辕北辙了。

凤冠霞帔不是有钱就能穿的

凤冠其实可以搭配多种服饰，但是当它和霞帔在一起的时候，就会被约束在相对狭窄的体系里。

以明代官方服制体系为例：凤冠霞帔的搭配是属于等级非常高的礼服，特别是涉及凤冠，在明代的体系里只有皇后、皇妃可用。而霞帔就是身上两条如同绶带般的东西。

既然这搭配这么高贵，那么只能是皇家女子才可以穿的服饰吗？如果不纠结"凤冠"，其他贵族女子也是可以穿的，只不过要把头上的冠改为"翟冠"。

在明代，凤、翟、鸾等鸟是有区别的，比如一些脑袋、尾巴等细节。鸟的种类不同和数量不同，表示的就是等级的区别。所以并不是有钱就可以穿凤冠霞帔，尽管明代后期僭越（就是明明你不够级别，却要越级穿高级别的服饰）严重，但是也不敢真的僭越到皇后那里去，那可不是小事。可为什么还是感觉凤冠很流行呢？那是因为，后来把这类顶一只或几只鸟的冠一概很随性地称为"凤冠"，事实上它们并不是真的皇后娘娘戴的凤冠。

图 1-171　清代或更晚汉女着礼服画像

凤冠霞帔的丧失之路

原本高贵的凤冠霞帔是怎么一步步走到后来戏曲里那副样子的呢?

主因是清代对原本服制体系的冲击。就像我们上面提到的那样,凤冠霞帔是建立在明代官方服制基础上的,哪怕出土文物或者画像和记载有出入,哪怕民间僭越屡见不鲜,但是主轴是贯穿始终的。而清代以后,官方服制体系是以旗人为主的,但是民间汉人对一些命妇服装的需求仍然存在,所以大家就参照前代的服制开始自由发挥了。

就是在这种情况下,凤冠越来越像个人喜好的大杂烩,什么都往上放,失去了基本约束,甚至清末真正用到的凤冠竟可以看到戏曲凤冠的影子。

相较之下,霞帔的变化更令人诧异。从原来的带子状装饰,渐渐变成了一件很像衣服的服饰,非常像"褂",上面还会添加许多奇怪的东西,比如加入补子、云肩等。尽管表达品级的意向是一样的,但是因为失去了体系,所以大家往上堆叠了一切能想到的表达等级的装饰,就导致在搭配上千奇百怪。

凤冠霞帔怎样变成了嫁衣?

明代的衣服到清末时已经发展成为凤冠、霞帔、蟒袄、蟒裙、女带等一整套服饰,除汉人命妇可穿着凤冠霞帔外,汉人庶民女子结婚时也可穿戴一次。

当时汉妇婚服必须使用凤冠霞帔,不用的话是一种忌讳,一是担心不吉利,二是有"不是嫡妻"之嫌疑。

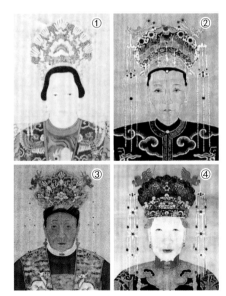

图 1-172　明代翟冠命妇容像

图 1-173　翟冠

图 1-174　清末已经变成衣服的霞帔

然而，作为一种表示命妇品级的服饰，一般新娘虽然僭越可以穿着，但是当凤冠霞帔整体产生变化的时候，这套服饰便不可能做到复古。

《醒世恒言》中这样写道："花烛之下，乌纱绛袍，凤冠霞帔，好不气象。"这部作品成于明末，当时命妇衣冠体系还未崩坏，所以新娘穿凤冠霞帔，新郎穿乌纱绛袍（从绛色看等级颇高，文中写的人乃是状元）。而到了清代乾隆年间的《儒林外史》，这一体系应该尚存，只是模样已经发生变化："将来从一个贵人，还要戴凤冠霞帔，有太太之分哩。"这里提及凤冠霞帔，更多是作为品级代名词，这点作用是最为常见的。同样的例子还有成书于晚清的《红闺春梦》："妻呀，你鞋又弓来足又小，怎样路远迢迢寻着予……快点沐浴香汤服侍伊，又把凤冠霞帔与他来穿戴，俨然一位诰命夫人好容仪……"这里说的是先秦百里奚的故事，当然它不可能反映春秋时期的服饰样貌，显然百里奚那时候是没有"凤冠霞帔"这种东西的，所以作者只能用不超出知识范畴的最贴近的表达方式来写作。

可以说，至少到民国，凤冠霞帔还不是嫁衣的代名词，至于后来为何突然间有了"嫁衣就是凤冠霞帔"这种诡异的认知，那可真是不解的一个谜了。

霞帔坠，博物馆也傻傻分不清楚

一定有人好奇"霞帔坠"是啥，其实就是霞帔的坠子，放在霞帔最下面的，明代出土的霞帔坠还搭配一个钩子，便于固定。这

图 1-175　定陵出土凤冠复原品

图 1-176　带钩的霞帔坠

个东西实物并不大，长度不过 10 厘米左右，但是却能令某些博物馆中招，错认它是"香囊"。

霞帔坠最常见的就是金银质的，还会有水晶质的。作为一种可以表现佩戴者级别的装饰物，它也是经历了刚出现时的多种样式、成熟期的标准样式以及衰弱期的各种变形等几个阶段。由于明代后期各种服制上的僭越屡见不鲜，霞帔坠的形式也就多样化了。

进入清代以后，由于上层社会的服饰等级一下子更改了，民间无所适从又缺乏约束，作为霞帔坠的依赖体——霞帔发生了剧烈的变化，霞帔坠的形式也就跟着发生了变化，再也不是单独一个，最后甚至很难说哪个是霞帔坠，哪个是霞帔的装饰了。

氅衣衬衣：清宫娘娘们的"爆款服装"

清宫戏那么多，娘娘们都穿对衣服了吗？

实际上，很多清宫戏里的服装都是有问题的。

那么，真实的清宫娘娘们穿着的服装是怎样的呢？

氅衣，娘娘们最爱的清宫剧"爆款"服装

这年头的清宫剧，娘娘、格格们不穿一件氅衣出来逛逛，估计都不好意思承认自己在清朝。在影视剧里它的显著特点是：袖子宽大且只有半截，滚镶着宽宽的花，并且两侧开衩。

服饰史上与氅衣同名不同物的东西很多，本节出现的"氅衣""衬衣"等仅指清晚期出现的旗装，特此说明。

氅衣在影视剧里的问题总结起来有五点：首先，氅衣不单穿。意思就是氅衣只能当外衣，只能和"衬衣"（不是现在的衬衣）搭配穿着。其次，穿氅衣不能露腿，所以那些认为旗袍源头在氅衣的人不用执着了。再次，氅衣不搭配裙子穿。大家要记住一句话，旗人女子是不穿裙子的（朝服除外）。第四，氅衣绝大部分有挽袖设计。最后，氅衣的历史很短，而且清代氅衣绝大多数是无领的。

图 1-177　婉容所穿的旗装已经跟早期的旗装很不一样了

图 1-178　慈禧太后便服像

图 1-179　慈禧照片，1903 年摄于颐和园

图 1-180　清光绪明黄色绸绣牡丹平金团寿单氅衣

有一件光绪年间的氅衣，衣长 136.5 厘米，两袖通长 132 厘米，袖口宽 35 厘米，下摆宽 115 厘米，左右开裾长 58 厘米。

之所以把尺寸写出来，是想让大家对氅衣大小和宽松度有个概念，把你衣柜里最大的风衣掏出来对比一下就知道了。

现存的清代氅衣里，最早的只到道光时期，最晚的则在光绪年间。看到这个时间段，你想到了谁？对啊，慈禧！她简直是氅衣的最佳代言人，无论画像还是照片，她所穿的几乎不是氅衣就是衬衣。实际上在氅衣出现的年代，衬衣已经长得非常像氅衣了，简单来记就是氅衣是两侧开裾的，衬衣则不开裾。

氅衣一般只能当外衣穿着，所以装饰十分繁复华丽。并且氅衣多会在开裾处作一个特别的装饰，称为"如意云头"。请记住这个特别的装饰，19 世纪 20 年代的旗袍经常会看到这个元素的演绎。在服饰上增添如意云头是清晚期的事情，所以也不是什么古装都可以加的，别看着好看就乱添加哦！

如果细心的话，还会发现氅衣很多袖子会突出来一块，那就是挽袖。这种挽袖装饰是后期服饰审美繁复到了一定程度之后特意添加的，会将绣花之类的装饰放在袖子里，然后挽起来的时候就能看到它。再后来挽袖直接做成固定装饰，也就不用这么周折了。国内服饰布展或者在相关画册中，很多衣服往往只展现其中一面，所以有时看不到服饰的全貌。比如挽袖有时始终保持挽袖状态，或始终不挽起来，这也是很多人忽略它的原因之一。

当时很多衣服的实物都是没有领子的，或者只有一个圆领，与我们印象中清宫戏娘娘们穿的立领很不一样。那么，有带立领的氅衣么？有。立领出现得比较早，在明代女装上就已经大面积流行，但它出现在旗装上则要到清代末期了，目前存留的立领旗装形象大量是民国时期的。

其实不仅是立领，连氅衣也被认为是清代后期深受汉人影响的产物。因为它与渔猎骑射的满人早期服饰实在是差异太大，它款式宽松，装饰繁复，还有挽袖，这些更趋近于当时的汉人服饰系统。只是汉女一般穿着衣裙，而旗人常用袍制。

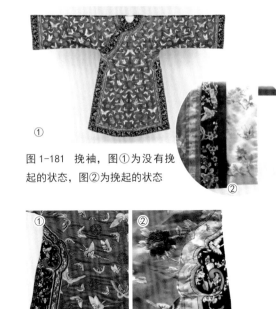

图1-181　挽袖，图①为没有挽起的状态，图②为挽起的状态

图1-182　开裾处的如意云头装饰

衬衣，被清宫剧忽略的"爆款"服装

如果说氅衣是清宫戏里娘娘们最爱穿的款式，那么衬衣就是常被忽略的"姐妹款"服装。但事实却是，衬衣是在现实中比氅衣更常用，外观上也很容易和氅衣混淆的服装。不知为何，清宫戏的服装反而不选它。

氅衣是一种两边开裾的旗装，但是为什么要说衬衣比氅衣在实际运用中更普遍呢？这就要从两者的区别说起。

衬衣无疑和氅衣十分相像，尤其到了较为晚期的时候，旗装大量使用绣花等装饰，常常会令人忽略款式上的区别。但是衬衣与氅衣的不同之处，导致了两者在使用上的不同。

两者最显而易见的区别就是开裾，也叫开衩。氅衣是左右两侧开裾的，而衬衣则更接近于我们对袍服的理解，是包裹式的，所以不开裾。由于氅衣的开裾是对称的，所以往往会在开裾处装饰如意云头，使得整体比衬衣更为华丽灵动。这个区别看起来很小，但是导致了一个很重要的结果——氅衣单穿就会露腿，而衬衣则不会。

图 1-183　图①、图②为氅衣

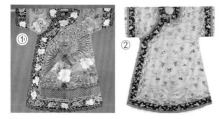

图 1-184　图①、图②为衬衣

图 1-185　清代《玫贵妃春贵人行乐图》

所以，衬衣是可以单穿的，氅衣则必须在里面套穿衬衣或者袍服。不过清宫戏的服装设计师们好像也被这个问题难倒了，所以就出现了在氅衣下面穿裙子的情形，但这却违背了"旗装除朝裙外不穿裙"的原则。

衬衣在使用上非常灵活，可以单穿，也可以搭配像氅衣这样开裾比较高的服饰，或者搭配马褂之类的短衣，可以说是晚清以来旗装百花齐放的基础之一。

在我们经常看到的一些清末民初的旗人老照片中，有一些服饰乍看很像清宫戏中的服装，然而其实这里面氅衣的比例很低，大多应为衬衣。

被逐渐抛弃的骑射风气

衬衣这种款式到底出现于清代哪个时期以及早期的性质如何，大家都颇有疑问，一直到故宫在藏品中整理出了乾隆、嘉庆时期的一些实物证据，才解决了这些问题。这里必须给清宫整理收纳的好习惯点个赞，特别是他们会在标签上写上年代和名称，让人一目了然。

与后期我们所熟悉的衬衣迥然不同的是，乾隆、嘉庆年间的衬衣装饰较为简约，袖口窄平，显得十分素雅，很有清前期旗装简朴利落的风韵。

大约是入主中原久了，骑射民族原本的"野性"也逐渐丧失，随后的道光、同治年间的衬衣，袖口逐渐变宽，再也不以方便易用为主旨。袖口也可以挽起，为后来花纹繁复的衬衣奠定下基础。此后则出现了我们所熟悉的那些形式多变而密布的花纹，不仅衣

图 1-186 莽鹄立
《执扇就座仕女图》

图 1-187 冷枚
《春闺倦读图》

图 1-188 清乾隆 月白
缎织彩百花飞蝶袷衬衣

图 1-189 清嘉庆 湖色
寿山福海暗花绫袷衬衣

身精致美观，连衣缘袖口都十分强调装饰，而且衣身也变得更为宽大。

到了光绪年间，装饰风格更进一步发展的衬衣和氅衣，才一点点开始接近我们所熟悉的清宫戏里宽袍大袖的样子，离当年铁蹄上的模样相去甚远了。

花了一百多年，旗装对美丽追求的灵魂终于觉醒了。

图 1-190 清道光
月白色团荷花暗
花纹绸夹衬衣

衬衣是否是旗袍的起源

正如前面所说，一开始的旗装是无领的，但是临近清末的时候逐渐被汉装同化，使用了立领。衬衣也是如此，后来发展出了立领的款式。最有名的是光绪年间的一件衬衣文物（即图 1-192 的那件），常常被当作旗袍的旗装源头的物证。

由于清末时期，洋装的潮流冲击进来，所以原本宽松的衬衣、氅衣也开始强调女性身材，体现修身苗条的风姿。

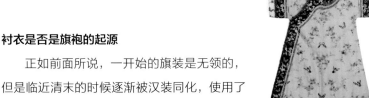

图 1-191 清光绪 绿色
缂丝子孙万代蝶纹棉衬衣

图 1-192 清光绪 明黄
色缎绣栀子花蝶夹衬衣

图 1-194 老照片中氅衣很少，大多为衬衣

图 1-193 1904 年慈禧太后坐像

图 1-195 衬衣可单穿也可搭配穿着

及至民国，旗人们的服装也随着整个民国的时尚风潮而变化，装饰也逐渐简化，袖口也发展出倒大袖的样子。区别只在于，汉女仍然保留着两截穿衣的习惯，穿着袄裙或袄裤，而旗人仍然穿着袍服式样的服装。

所以在许多早期旗袍实物里，的确可以看到和现在两边开衩所不同的袍式旗袍。那时候旗袍还处于萌发时期，百花齐放，与后来我们所熟悉的旗袍样式有不少出入。

这是衬衣可能为旗袍源头之一的原因。或者说，在当时旗袍还没发展出真正可以约定俗成的模样的时候，衬衣参与了那个百花齐放的局面，与其他诸如男装长袍、女装袄裙、长马甲等一起发挥了自己的作用，最后汇成了同一脉"旗袍"。

而氅衣虽然和现在旗袍一样左右开衩，但是由于氅衣始终无法单穿，场合使用也不如衬衣灵活，且不可能越过 20 世纪 20 年代百花齐放的局面，一次性到达 20 世纪 30 年代旗袍成熟时候的模样，所以大家以为相似的其实反而不太可能是旗袍起源。

清末的人们，穿着什么样的衣服迎来民国？

很多人无法分辨"清末"与"晚清"的区别。

其实对绝大多数的人来说，在他们的印象中，清朝的服饰是一个整体。但是由于服饰史是相对细腻的历史，所以时代不同，服饰之间的差别也会很大。这里说明一下，本节讲的"清末"，指的是光绪后期至民国建立这段时间（主要是民国建立前数年），大约三十年左右。

由繁入简

如果说晚清服装主流是繁复的滚镶、精美的绣花以及标志性的八字袖的话，那么清末的趋势就是一洗浮华，衣服的装饰渐渐趋向于简化，款式也渐渐收窄（袖子与衣身都收窄了），显得合身而简约。

三十年的差距，如果换到今天，大家肯定会惊呼 1988 年与 2018 年之间的服饰潮流居然会有这么大的差异，却总是忘记古人也曾是今人、今人也终将变为古人，不曾去思考这种差距在古代也会活生生地存在。

图 1-196　清末汉女装形象

　　清末的服饰可能更符合现在的审美，纤细修身、装饰简约而富有现代感，时髦女性开始使用西洋花边装饰自己的服装。由于实在不像"古代人"，所以清末老照片非常容易被认为是在民国时期。

　　清末的服饰趋向进入民国也一直保持着，所以我们看到民国初期的服装进一步收窄与简化，领子渐渐变高，衣长渐渐缩短，直到1920年后的一段时间，袖子才变得短而宽大（称为"倒大袖"）。

图 1-197　1908 年《时事报馆》

图 1-198　1909 年《时事报馆》

图 1-199　晚清汉女装形象

图 1-200　清末旗汉的服装难以区分

图 1-201　图①至图④可以看到当时女性的刘海

女人们的刘海

这一时期，女人们也开始流行起了刘海。

跟古装剧不一样，古代女人是不刻意留刘海的（小女孩的杂毛除外）。当时的刘海在如今看来有几分怪异，会令人感觉修剪的程度很高，并且有着不太好理解的审美取向——它实在是太短了一点。比超短刘海更加有审美问题的可能是女子们头上的珠箍，然而这种珠箍在当时可是很时髦的。

清末还有一个颇值得玩味的现象就是，旗人与汉人的装饰正在逐渐趋向一致，导致很多时候很难分辨她们究竟是汉人还是旗人。旗装用上了汉装才有的立领，汉人女子也不再是典型的衣裙装扮。

此外，晚清开始出现大量职业女性，挑战了原有的性别空间。很多勇于突破传统的女子纷纷以男装为潮流，穿男装、梳辫子，走在路上别有一番风貌。许多关于反缠足、性别平权、女学兴办等方面的进步行为，其实也是在清末这段时间奠定下基础的。

图 1-203　图①、图②可见清末的女扮男装

图 1-202　图①、图②可以看到当时女性所戴的珠箍

图 1-204　1910 年《神州日报》男子发型

　　而男人们遭遇的烦恼大概就是要不要剪辫子了。很多人以为男人们是到了民国才开始剪辫子的，其实早在清末，各大报刊已经就剪不剪辫子这件事分队争论了。进步人士早就在效仿日本"断发易服"，少年男子更是将头发弄得各种潮流时髦，无奇不有，招摇过市，甚至还有的剪了女孩子的刘海，油光粉亮，男女无别。

　　可以说路上不仅旗人与汉人难以辨别，连男女都是混淆的。然而在思想舆论方面，却已经全然一副准备好了的模样。

　　人们并非因为进入民国才萌发了新服饰的思潮，而是那些思潮等来了民国！

民国时期三份服制条例
背后的风起云涌

民国时期有过三份服制条例，是中华人民共和国成立前最后的服制法令。这背后隐藏了什么样的服饰潮流变化？又承载了怎样的历史变迁呢？

我们先要明确，这三份条例的三个时间点恰好大致划分了民国短短几十年的三个时期：

1912 年北洋政府《服制》；

1929 年南京政府《服制条例》；

1942 年汪伪政权《国民服制条例》。

由于三个服制条例之间各有十几年的间隔，所以从其规定的服饰来看，潮流变化十分明显。

服制里的男装与女装

在 1912 年的《服制》里尚没有旗袍。旗袍并非随着民国建立而诞生的，实际上它的出现是在 20 世纪 20 年代，并且早期旗袍式样较为丰富，后来逐渐定型成我们熟悉的民国旗袍式样。所以 1912 年的时候，女性礼服使用的是对襟立领上衣与马面裙，这是什么？这就是裙褂啊！

图 2-1 20 世纪 20 年代马甲旗袍（左，旗袍雏形）与马甲袄裙（右）

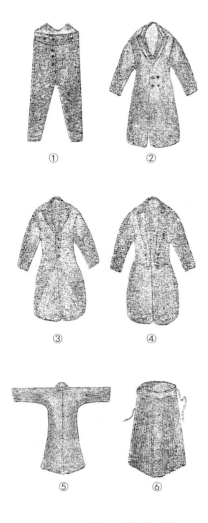

①　　　　　②

③　　　　　④

⑤　　　　　⑥

图 2-2　1912 年《服制》附图

值得注意的还有，当时的上衣很长。我们知道，即便款式相同，衣长还是会随着时代潮流而变化。

到了 1929 年，旗袍加入到服制条例里，不过规定长度只是到小腿肚的地方，袖长也在小臂中间。这是符合当时潮流的，而不是 20 世纪 30 年代那种长旗袍。有意思的是，它还提到裤子与旗袍一样长，说明当时里面是穿裤子的，还是长裤。

其后 1942 年的服制条例里依然保留了旗袍，也只剩下旗袍了，因为 1929 年提到的另外一种袄裙早就在潮流中淹没了。事实上，即使在 1929 年的时候，袄裙在时髦女子中间也已经不见穿着了。

男装方面，1912 年与 1929 年两份服制条例都规定了袍褂的形式，而 1942 年的条例则明确提到了中山装。尽管我们如今对中山装的主导地位认知远胜于袍褂，但这却是中山装唯一一次拥有"权威"身份。

硬要总结一下，这些规定里的服饰是顺应潮流的，而非乱开脑洞的结果。

民国为何会有服制条例？

1912 年的《服制》颁布于民国建立之初，是什么导致了民国一建立就要有一份服制条例呢？

这是因为民国接手的是一个曾经等级森严了几千年的国家，尽管进步人士已经接受了新潮流，但依然有很多人通过服装来捍卫旧时代。是的，明末清初的"易服"与清末民初的"易服"本质上都是对前面一个庞大时代惯性的逆转。

与清代需要捍卫自己政权的正当性不同，民国需要突出的是平等思潮与现代理念对这个古老国度所产生的影响。

在 1912 年的《服制》里，无论是女子裙褂还是男子袍褂，平民色彩十分显著。相比以前在《会典》里动辄十几页的"舆服"来说，民国的服制条例简单极了，而且 1929 年的服制条例比 1912 年那份更简单。1912 年服制条例还分了大礼服和常礼服，1929 年与 1942 年的两份服制条例里就只剩下一种礼服了。

什么帝王将相，什么服色禁令，在这时统统不存在了，礼服采用的是裙褂和袍褂，本来就是民间已经在使用的带有民间式礼服色彩的服饰，后来加入旗袍也是一样。这些服饰在平时也经常穿着，说明礼服与日常便服的界限越来越不明显了。

这也是后来中华人民共和国成立时没有设定服制条例的主要原因，当时连袍褂和旗袍都鲜见了，伴随着社会的进一步变化，服饰的属性也在变化着，服饰的作用更加纯粹而自然。

引入现代西式服装

1912 年服制条例里，大礼服直接采用了西式的晨礼服和晚礼服，地位高于中式服装。这可能在当时东亚国家里是一种流行，直至今日这种衣服依然是日本皇室男性成员在重大场合的礼服。常礼服里才出现中式的袍褂，并且并列的依然有西式服装。

图 2-3　1915 年孙中山先生与宋庆龄女士

图 2-4　1912 年穿着西式服装的顾维钧先生

图 2-5　1911 年底南京临时大总统选举会留影

图 2-6 1912 年西北某地的一张照片

图 2-7 1929 年的一张照片

图 2-8 20 世纪 50 年代的列宁装

图 2-9 1957 年，哈尔滨亚麻纺织厂的女工在试穿
"布拉吉（一种俄罗斯连衣裙）"

这种中西并行的路线在 1929 年和 1942 年的两份服制条例里依然沿用，只是去除了大礼服。不同的是，1912 年规定的常礼服与大礼服类似，而 1929 年的常礼服是诘襟，1942 年的则是中山装。

而在实际生活中，西装则成为这些新派人士的标志，成为他们力图带给旧中国以西方现代理念的象征。如很多人认为的中山装发明人孙中山先生，他穿中山装或诘襟的照片来来去去就那几张，而实际上他穿西装的照片更多。

服制条例的从有到无

尽管民国有服制条例，但其实对生活中的服饰约束并不大。服制条例里不仅没有禁用的服色，连规定的服色都很少，更别说实际上的执行力了。所以说，它更像一份指导书。

无论中式还是西式，无论什么样的款式与潮流，都可以选择。之所以这样，与民国服饰本身就很自由的风气也密不可分。

到了 1949 年后，服饰的等级被彻底打破，普通人甚至不穿长袍了，而选择了短衣。民国还只是打破官与民的界限，此时更是打破了富与贫的区分。

如今的我们回头去看，服装虽然没有很多人想象的那么有能量，可以担负复兴大任，但也的确像一面镜子，反射出许多历史上的故事，引领我们去解读其背后的风起云涌。

时代与服装潮流

无论东西方，20世纪20年代都是一个潮流萌发的年代。

在西方它被称为"爵士时代"，那句著名的"这是一个奇迹的时代，一个艺术的时代，一个挥金如土的时代，也是一个充满嘲讽的时代"，便是形容此时的世界。

那时的中国，无论服饰还是政局都充满了各种不确定性，北洋时期社会纷乱得近乎自由，而服饰上则有着相应的复杂。一方面西方风潮涌向摩登城市，另一方面旧时代的痕迹还未完全褪去。于是，穿袄裙、袄裤的人有之，穿洋装的人有之，穿旗装的人也有之，旗袍也诞生于此时。

这也是一个女人们开始将头发剪短的年代。这股潮流涌入中国的时候，自然是发生了一些滞后和本土化的痕迹。时髦的人赶上了第一波潮流，而长发的人还不至于受到太多波动。

图 2-10　20世纪 20 年代，女人们几乎人手一条"黄狐狸"

图 2-11　1926 年《良友》的两张插画

图 2-12　广告画上的女子身着中国服饰，却佩戴了爵士时代晚装风格的头饰

图 2-13　1926 年广告画上的袄裙，将袖口设计成了波浪形

服饰上，款式的多样化迸发了之后的时代无法比拟的各种火花。当时的人还预见不了旗袍将会一统江湖，更预见不了当时宽松的旗袍将以怎样的形态称霸华人世界。张爱玲称当时的旗袍是"严冷方正的，具有清教徒的风格"。

1926 年的杂志《良友》总结当时的各种服装，称中年妇女里最时髦的是袄裙、袄裤，而闺秀最时髦的是旗袍以及长马甲。以穿着者的流行年纪排行，从小到大依次是旗袍、长马甲、袄裙、袄裤。这个顺序大体上也适用于不同地区的潮流先后。

很多演绎民国时期的影视剧里用以排序年纪的服装很多时候并不同时存在，除了 1926 年前后，因为那是一个服饰上无比精彩嘈杂的时期。

没有人愿意被潮流抛下，哪怕是如今看来略"逊"一筹的袄裙也是拼尽了全力，现在复刻的民国袄裙会忽略一些当时十分精巧的设计。而见诸报端的时装设计图更是展现了那个时代曾有过的以及寄予希望的各种关于服饰的可能性。

到了 1937 年，淞沪会战打响，抗日战争就此全面爆发，很多人的命运都在那一刻改变了。无论富有抑或贫穷，博学抑或无知，高贵抑或低贱，时代巨轮碾压之处，皆粉身碎骨。

在那之前，上海是当时中国最值得期待的城市，各种思潮风涌，流光溢彩，纸醉金迷。很多喜欢民国旗袍的人钟情于 20 世纪 30 年代，因为此时的高领长旗袍代表着旗袍岁月里最为亭亭玉立的身影。

图 2-14　1926 年的时尚杂志中的两页

图 2-15　1926 年电影剧照，穿袄裙的、穿旗袍的、穿长旗袍的，同时出现在一个画面

图 2-16　1926 年前后的倒大袖无开衩旗袍

　　20 世纪 30 年代的长旗袍最为典型的便是高领三粒扣，衣长几乎扫地，合体纤细却不强调胸臀，两侧低开衩，隐约可见迷人的白色衬裙。再配上一双高跟鞋，这样的形象袅娜多姿，我见犹怜。

　　与之前奔放恣意的潮流不同，进入 20 世纪 30 年代，潮流的变化很明显。最显著的特征便是旗袍一统女人的衣柜，成为绝对主流。因此，在此基础上的潮流不再是百花齐放，而是在有限的框架里暗暗较劲。人们喜欢这一时期的旗袍并非毫无道理，因为它的确是旗袍交出的一张最完美的成绩单。

　　然而整个 20 世纪 30 年代的旗袍也并非岿然不动。到了 1937 年，"罗曼蒂克"消

图 2-17　1926 年的女子着装插画

图 2-18　1937 年的上海生活

图 2-20　1933 年曾短暂流行高开衩旗袍

图 2-19　20 世纪 30 年代，影星胡蝶身穿长旗袍坐在台阶上

亡的前夜，旗袍也隐隐透出一个转折点：那一年的旗袍，高领在降低，衣长也在缩短。因为长旗袍在行动上十分不方便，穿着它不便干活，只有太太、闺秀或者女学生才会穿着。于是，在当时的情况下，这种 20 世纪 30 年代民国标志性的服装逐渐淡出，随后因为生活需要，更加方便行动的衣服流行起来。

如果我是企图从 1937 年前夜找到"罗曼蒂克"的人，我希望那是一种体面、从容、正面地迎向世界而丝毫不畏缩的"罗曼蒂克"。既可以在五光十色里起舞，也能戴上白色袖章奔赴前线。

1937 年前的"罗曼蒂克"是风情；1937 年后的"罗曼蒂克"是风骨。

旗袍一出，便胜却人间无数

20 世纪 20 年代，是旗袍萌发的时代，也是旗袍最自由的时代。

旗袍在诞生之初，仿佛用尽了这种名物大部分的想象力，于是其后的岁月再也无法拥有这个时代所能迸发出的瑰丽美景——民国时期的旗袍是许多人未曾邂逅的，甚至是未曾想象过的，所以它的初见便胜却人间无数！

旗袍如何诞生？

在介绍那些令人眼花缭乱的初期旗袍款式之前，先花一点时间说说旗袍的诞生史。很多人都知道旗袍的英文是"cheongsam"，但其实这是"长衫"的音译，现在也还有很多地方称呼旗袍为"长衫"或"长衣"。甚至在民国官方颁布的服制条例里虽然出现了旗袍的形象，却从未称呼过它为"旗袍"，而是称之为"衣"。

一个名字有多重要，从旗袍就可以看出来。因为它的名字里带"旗"，所以很多人觉得它与旗装有渊源。但民国人是能清楚区分旗装与旗袍的，并且在旗袍出现的时候，当时的旗人也还在穿旗装。

图 2-21　穿旗袍的美女

图 2-22 旗袍马甲与倒大袖旗袍

这话说起来就远了。清朝初期，许多方面刻意保留着关外习俗，着装便是很重要的一部分。尽管如此，旗装的汉化趋势却十分明显。尤其在没有礼制约束的便服领域，衣服越来越宽松，装饰越来越繁复，以至于在晚清到清末的老照片里，旗装与汉装的界限越来越不清晰。

随着清朝被推翻，旗装长袍被打入冷宫。这是一段令旗袍疑惑的时期，因为当时最为流行的是脱胎于汉装"两截穿衣"的衣裤或衣裙搭配。与传统的"两截穿衣"不同的是，这次的服装轻便、简洁，随着时间的推进，裙摆修长而渐短，甚至于要将腰身渐渐显露出来。

不仅如此，一些来自西洋、东洋的潮流也融入中国女性的装扮中来。从清朝灭亡到 1920 年左右旗袍诞生的这段时间里，究竟发生了什么？这段时间为中国女装投入了时尚的第一缕曙光，女性将曾经繁复的装束脱下，让身体解放出来。可以说，这段时间所做的准备为旗袍的诞生打下了良好的基础。

关于旗袍的起源，众说纷纭，除了过于离奇的"深衣说"等需要一路上溯到先秦或汉唐的理论之外，大致可以总结为这样的路线：

第一条，时尚化的旗装。旗袍的源头并不在同为两侧开衩的旗装氅衣里，因为氅衣并不能单穿。产生这种误解是因为旗袍在诞生之时有大量不开衩或开小衩的样式，这些在旗袍定型后几乎都消失了。所以，即便旗袍源头在旗装，那也应该是衬衣之类的才较为符合其本身的穿着逻辑。不同的是，旗袍是拥有时代特性的，这个特性就是经历那个迷惑的年代之后获得的时尚设计和廓形，还有轻便的穿着方式。

第二条，从袄裙到马甲旗袍。长马甲最初曾脱颖而出，引领潮流，可以套穿在短袄外面，而袄裙本就属于汉装范畴。后来马甲与袄裙逐渐融合，成为有接袖设计的"假两件"旗袍，或直接衍化成旗袍。而在当时，直接套穿在袄裙外面的短马甲也十分流行。可以说，那段时间是一个尤为缤纷的时期，各种款式与东西方元素充斥其中，百花齐放，远比旗袍一统江湖之后要来得更为有趣。

第三条，女穿男装。当时中西方的女性都已经不满足于呆在屋子里了，20世纪初的中国一直洋溢着要为民族崛起而奋斗的气息。而从晚清开始，中国女性也一直谋求与男性平等的权利，如受教育的权利、外出的权利以及担负民族复兴的权利等，因此选择穿着男装也是她们显示自己摆脱陈旧桎梏的标志。无论是女性穿着男装并将之改良成了旗袍，还是因为旗袍与男装相似而纷纷效仿穿着，"长衫"这个名字就这样成为不可忽略的印记。

这三条道路都有各自的实证，谁也不能压倒性地说服谁，正所谓殊途同归吧，这三条看似不同的道路，其实都拥有相似的时代廓形，令我们不至于错认它们。在那段时间里，旗袍、长马甲、袄裙、短马甲乃至洋装共存，它们相似的廓形统一在一个时代里，根本不知道后人会为此吵得天翻地覆。

时代最后选择了旗袍。

而旗袍无论被称作旗袍还是长衫，如今都走过了百年岁月。百年前，有人为了理想付出过生命、远走过他乡，希望百年后的我们无愧于他们用热血灌溉的这片土地。

设计款式多多的初期旗袍

说到样式，很多人觉得旗袍和旗装从视觉上很相似，那是因为对于现代人来说，立领和大襟是非常特别的元素。然而放在当时的环境里，这却是很普通的元素，根本不足以成为款式的区分条件。

一如上面所说，在旗袍诞生的过程中，曾经出现过一个过渡产物，就是"旗袍马甲"，这是一种无袖的、搭配当时倒大袖短袄的长衣。

图2-23　旗袍马甲（黑色部分），橙色部分为倒大袖短袄

图2-24　袖口与衣摆用了条纹装饰，用色十分大胆，呈现出特别的跳跃感，却不显突兀

图 2-25 极其难以驾驭的"黄配紫"，特别的条纹与曲线设计，呈现出极具装饰感的视觉效果。佩戴的绢花与衣摆的花卉相呼应，整体效果十分美艳明丽

图 2-26 特别的长袖设计，如水波般具有灵动感。不对称的下摆设计印证了这种动感，整体空灵而富有思想

在当时的广告画里，经常可以看到与倒大袖袄裙一同出现的旗袍马甲。当时的人觉得，大圆角短袄着实显胖，不如旗袍马甲显得娉婷婀娜，而后就出现了将旗袍马甲与短袄缝制在一起的"假两件"。再后来，这种扭捏也不要了，直接出现了倒大袖旗袍。比如宋庆龄的一张照片，她穿着的一身深色旗袍十分简单沉稳，仅在袖口处露出里面的花边衬衣，加上深色衣服与倒大袖，衬托交叉的手臂温婉沉静。

如果细心就会发现，早期广告画中的旗袍都是呈现筒状，并无现在旗袍的开衩。这是因为旗袍的源头有两个，其中一脉叫"旗袍"，源于旗人之袍，宽松不开衩；另一脉叫"长衫"，两侧开衩。由于潮流变化，最后两者殊途同归，成为后世我们所见的旗袍。然而英文名由于当时已经开始使用，所以叫了"长衫"的音译就改不了了。

服装开衩的情况一直与着装的动作息息相关。当时的旗袍对于后世来说着实宽大，所以即便有开衩的款式也十分细微。之所以今人会弄混开衩与不开衩的区别，一个重要原因就是当时女子十分喜欢在衣摆两侧做一些设计，从不对称剪裁到风琴褶，信手拈来，效果不凡。

相比其他已经简单到算基本款的波浪边，这个时代的设计又向前进了一步，比如在波浪边的基础上增加一些花卉设计，下半身花卉呈现渐变效果。对于这种不开衩的旗袍而言，筒状款式与之搭配会显得清丽可人，俏皮大方。

当时各种颇具趣味又有巧思的设计，在后来旗袍被定性为开衩款式后，便难以再现这种风情了。当代各种旗袍设计层出不穷，却也未曾见有人误打误撞碰上一个。按说也不是没人见过仿制的民国旗袍，但现在仿制出来的效果却不甚完美。只能说思维一旦定式，有些东西真的很难重现了。

现在提到旗袍，不是绣花就是织锦缎，没有太多创意。虽然后来旗袍上花卉图案的数量的确占上风，但是几何图纹也是旗袍中不可小觑的一种装饰。尤其萌芽时期的旗袍对几何图纹的运用，简直令人拜服。诸如波点、各种条纹、弧线与放射线等，当时已经运用得十分好看了。

那时人们也很喜欢对袖子进行各种设计，最简单的莫过于在袖口处开叉，或装饰一些贴边之类，此外还有打褶等方法。总之手段是多样的，但是能不能真的有好效果，才是最考验设计师的。

这一时期的皮草也是一大看点，虽然民国时女性有搭配皮草的习惯，但是绝对不是影视剧里看到的那种皮草披肩。大致可以将其分成具有功能性的衣服与"品位感"比较重的斗篷两类。实际上有些皮草并不是采用全皮草，而是只带有点缀性质的皮草设计，但加上这部分皮草之后，衣服整体确实更美了。这样的衣服少了几分炫富感，多了几分雍容与端丽。

而同一时期的旗人所穿的旗装是什么样的呢？也不是没有照片流传下来。对比一下就会发现，如果能把旗装和旗袍认错，才真的是有问题呢。

然而，旗人也并非活在真空里。如果潮流如此，他们自然也会不可避免地受到影响。所以在某些旗人的照片中，袖子变得宽松且短，更似当时的"倒大袖"，装饰上也吸收了一些当时的花边。而文化影响绝不是单向的，所以在当时的一些杂志上，也可以看到一些明显受到旗装影响的旗袍照。

图 2-27　超特别的图案设计，色彩搭配普通却搭出了别致的感觉。衣摆与袖口均开衩，并装饰如意纹，近百年后的今日看来仍然优雅新奇，隽永端庄

图 2-28　前排右边女子所穿的旗袍，从开衩处露出风琴褶的设计与衣服本身放射状的设计相得益彰，加上袖口也是打褶设计，尽管衣服不如后世修身，却呈现了纤细的感觉

图 2-29　在波浪边处使用蕾丝贴边，开衩处用风琴褶过渡，便显出另一番娟秀明艳的感觉。似是将当时喜欢在袄裙腰间佩戴丝带的习惯融入了设计，侧边风琴褶做不对称设计以后，像打褶又像装饰了丝带，十分别致

图 2-30　图中右边女子所穿旗袍，其独特的衣边设计及采用的锐角折边显得十分凌厉。与侧边打褶不对称设计相搭配的是腰间的一朵装饰花，竟然令不对称显得那样自然。左边女子所穿的旗袍，与右边相似又十分不同，从色彩到款式，显得趣味一致又别有风情

图 2-31　放射线的存在令画面极具视觉体验（放射线设计有真人照片，可见广告画并非唬人）

图 2-32　以格纹为元素进行设计，温暖而居家。这个色调配比丝毫不觉老气，格纹中特别的小变化，令格纹不显琐碎，而是十分沉稳耐看

图 2-33　这件有着比较长的荷叶边设计，所以衣边本身也有装饰，与侧边打褶相呼应，整体比较高贵闺秀，纯洁又隆重

图 2-34　本是很普通的条纹设计，色彩以冷色调为主，却搭配出温婉和煦的基调。深蓝色的宽边设计与女子的刘海短发搭配，简单利落。佩戴的花朵非但没有成为负累，反而成为亮点

图 2-35　这件旗袍的花饰与配色都显得有些老气，袖子的云头装饰本身也是老元素，但是这几样搭配出来的效果却是少妇风情，韵味绵长

图 2-36　这款更简单，花卉衣身，基本款式，只是在边缘处用了黑纱，顿时显出不凡。黑纱上也有一些花纹，温婉又魅惑，极具小女人风情

图 2-37　实用派皮草

绝世审美之曳地旗袍

20 世纪 30 年代开始盛行长至脚面的长旗袍，后来旗袍款式起起落落，曳地旗袍却一直被保留下来了。

其实长旗袍没有想象中那么贴身，但是相比之前 20 年代的宽松倒大袖旗袍，自然是往苗条的方向迈进了一步。因为旗袍的长度和合体度有所提升，所以侧面的扣子数量也随之增加，却做得并不那么夸张。从当时人的侧面和坐姿可以看出，旗袍开衩不高，仅在小腿的地方露出浅色的衬裙。

衬裙在旗袍的历史上存在了很长时间，却一直被忽略，就如同我们浏览很多服饰史上的图片，往往只看完表象就拍拍屁股走了，其实外衣之下才是真正的学问。而内衣的演变，是足以影响外衣的形态和发展的。旗袍自然也不例外，后文我们会谈到被内衣影响到外在形态发展的旗袍。

1929 年和 1942 年，民国分别颁布了两次服制条例，我们这里摘取了其中涉及旗袍款式的部分：

1929 年服制条例中的旗袍相关内容：

一、衣：齐领，前襟右掩，长至膝与踝之中点，与裤下端齐，袖长过肘与手脉之中点，质用丝麻棉毛织品，色蓝，纽扣六。

二、鞋：质用丝棉毛织品或革，色黑。

1942 年服制条例中的旗袍相关内容：

【常服女装】

一、衣：齐领，前襟右掩，长至踝上二寸，袖长至腕，夏季得缩短至肘或腋，钱寸许本色一线，绲边，质用毛丝棉麻织品，色夏天浅蓝、冬深蓝，本色直条明，钮三。

图 2-38　同一时期的旗人所穿旗装

图 2-39 贴合脖子的高立领

二、鞋：革质、丝质或布质，半高跟或低跟，色黑为原则，夏季得用白色。

【礼服女装】

一、衣：修长至腕，本色直条明，钮八至十，其他与常服同。

二、鞋：革质、丝质或布质，半高跟或低跟，色黑。

从当时流传下来的照片看，大致和实物吻合。

这两次服制条例中的明显区别，首先是前者曾有袄裙与旗袍并举，在后者中已经不见了，足见旗袍的流行程度。其次是纽扣数增加了，前文已经提到过，纽扣数的增加是因服装逐渐修身引起的。此外就是衣长增加了（不过1942年应该已经有人穿长度过膝的短旗袍了），在常服下袖长可缩短至腋前寸许，这基本是民国旗袍的最短袖长，搭配的鞋子也改成了半高跟或低跟。

曳地旗袍虽然不如我们想象中那么紧身，却始终有一种修长纤细的感觉。之所以会这样，除了民国旗袍还未开始强调胸部，平胸会有一种瘦削感之外，一些小细节也会在视觉上带给我们以"瘦"的引导。比如贴合脖子的高立领。这种立领一般呈现圆筒状，贴合穿着者的脖子，扣子多达三至五颗。

现代旗袍的领子多不贴合颈部，呈现下大上小的圆台状。为了让柔软的面料保持这样的形态，会使用硬衬，所以如果也采用这么高的高度，会非常卡脖子。为了保持舒适度，尽管现代旗袍的形态各异，领子却相对比较稳定，都是低领，若做高了，前面也会留有很大的弧度空间，不贴合脖子。这样的领子在长旗袍上，无疑是白白浪费了脖子带来的无限延伸感。

而民国旗袍上的高领，由于脖子的贴合提供了支撑，数量多的扣子也保持了形态，即便是普通厚度的面料，以我的个人经验，三层也足以达到效果了。

最后的繁荣：尖胸旗袍

旗袍发展到后来，受当时内衣和世界时装发展的影响，便不止平面剪裁了。

比如当时影星林黛的旗袍，这种旗袍以尖胸、细腰、收下摆为突出特点，比如今的旗袍更强调女性的S形曲线。此旗袍短袖，高领，开衩可在膝盖处。外在形体轮廓利落简洁，将我们对女性身体的理想之处明确点出，却无丝毫啰唆累赘之处。尽管现在的旗袍也十分喜欢强调曲线，却往往是通过扭曲身体得到的，与当时的剪裁还是有很大区别。

事实上，这种曲线通过立体剪裁完成，与当时的世界风潮有很大关系，也与内衣发展有关系。

在立体剪裁的应用上，尖胸旗袍比现代旗袍更彻底，该收的收到底，该放的放到位。衣服的视觉贴身感很强，没有布料的悬空感，那种曳地旗袍上常见的柔和褶皱也被舍弃。尖胸旗袍很清楚明白地知道自己要的是什么，不要的是什么，不贪图格外的空余。

尖胸旗袍主要流行于港台地区。由于越来越多的女性接受教育、走入职场，旗袍成为她们出入正式场合必不可少的服饰，乃至职业装。时隔几十年，旗袍再次成为女性自立的标志。

当时香港有许多表现穿旗袍的职业女性的电影。不难发现在这些日常穿着里，尽管依然有这种旗袍的轮廓，但是却弱化了曲线。比如，旗袍虽然也是高领的，但是日常穿着时领子的高度却降低了。

曳地旗袍之后，高领曾向更为便利舒适的普通高度的立领发展，而后才有了尖胸旗袍的

图 2-40　林黛的黑白色刺绣蕾丝旗袍

图 2-41　林黛穿着旗袍的形象

图 2-42　1938 年纽约华人抗日游行，可以看到当时的旗袍开衩不高，仅在小腿的地方

图 2-43　1954 年香港培道女子中学

图 2-44　衣服的视觉贴身感很强，没有布料的悬空感

图 2-45　尖胸旗袍

高领。虽然高度上有所增加，但是领口处明显的圆弧在视觉上对脖颈有 M 形效果。一般来讲，V 领、长项链等都有修饰脸部的效果。当时的女子还是喜欢眉目炯然的明朗之美，所以配合尖胸旗袍，面部依然有秀丽妩媚的心动感。又如，尽管依然强调胸部曲线，但是不如之前流行的子弹胸罩那么锋利了，这也有子弹胸罩本身逐渐衰落的原因。还有腰部，显然不是哪个女性都拥有明星那样的细腰，所以适当也放宽了。这就是流行与实际之间的差距。

日常所用的旗袍以素色或印花为主，十分简单朴素。这些旗袍的领襟样式已经与民国时代的旗袍有了很大区别，大襟发展出圆润的弧度，并且使用暗扣和侧拉链，而背后拉链还未出现。

在很长时间里，"厂"字形状的大襟居于主流，鲜少变化，无论清代还是民国，无论男性还是女性。但是配合尖胸旗袍整体的曲线感，也是由于暗扣、拉链的应用，一种大圆弧的大襟取而代之。

那是一个香港旗袍的繁盛时代，很多我们所说的港工旗袍师傅多半出自这一时期。而 20 世纪 60 年代末，旗袍逐渐在香港地区淡出日常服饰，只在校服中还有延续，或者在一些舞台上还能看到。

尽管同样是追求曲线，但是尖胸旗袍的曲线是在多种因素的互相衬托之下出现的，是当时流行的产物。

一样的人穿着不同的剪裁，会呈现完全不同的效果，这就是服饰剪裁的魅力。

最具群众基础的近代服饰
不是旗袍是马褂

旗袍很美不假，但男性是不会穿它的；长衫在男性中很流行，穿上很显气质，但女子们已经有了旗袍，不稀罕。

所以论及服饰的普及度，旗袍和长衫都比不过另一种服装——马褂。

男女老少通吃的马褂

马褂是一种便服，所以使用频率很高，并且不同于我们所知道的其他服饰，马褂的穿着不分男女，也令它成为最有群众基础的服饰。当然，男女所穿的马褂在装饰和款式上有一些区别。

什么，女人也穿马褂？没错，是这样，不过这话说起来可就长了。

还是先从清代汉女装和旗女装的区别说起吧。简单来说，汉女装的最大特点就是两截穿衣，即上衣加下裙；而旗女装是没有裙子的（朝裙除外），所以衣服是一直长到足面的袍子。

图 2-46　《英嫔春贵人乘马图轴》

图 2-47 燕尾

图 2-48 金属扣

图 2-49 玉扣

由于清前期汉女装沿袭明代末期的流行，衣长较长，所以很容易和旗女装的袍子混淆，以为那就是袍子，其实下面是有裙子的。在发型方面，旗人较为简约，辫子盘头或戴钿子，汉女则梳发髻留燕尾。此外，旗装无领或缀假领，而汉装则是立领。不过到晚清时期，汉装的立领一度非常低，会令人误以为是无领，但再低也是立领，与无领还是有根本区别的。

我们常可以看到一些旗装汉装混淆的形象，可见旗装汉装的分界并非完全对立，尤其到了清代晚期，旗人和汉民混居，生活习惯与文化互相影响，服饰之间的界限更为模糊。

还有一些区别会让人误以为是旗装和汉装的差异，而事实上却不是，比如立领和布扣。立领的特点大概有这样几点：清代立领起源于明代；旗装以"衣不装领"为主要特点，立领元素在汉男女装皆有，旗装有立领是比较晚的；从立领诞生至今，都并非旗装独有。布扣则起源非常早，清代也并非都是以布扣为主，相反，各类金属扣、玉扣也极为常见。

然而，这些区别也导致一些人反向产生了一些误会，比如有人以为"两截穿衣"都是汉人女子，误以为旗人女装里没有短上衣这种配置。恰巧马褂就是这种短上衣。

而到了民国，在当时所定的服制条例里，男性礼服的"褂"就是马褂，甚至于后来我们设计"唐装"的时候也是用马褂为原型。

不过上面所采用的马褂或以它为原型设计出来的衣服，让人以为马褂只有对襟一种样式。其实马褂的领襟样式很丰富，有对襟、大襟、琵琶襟，等等。

不难发现，马褂的通则是长度及胯的长袖短上衣，袖长有两种，一种是短而宽的及肘袖长，一种是平而直的及腕袖长。女款的装饰比男款的复杂一些，其中及肘袖长的款式更是到了十分繁复的地步。

时下"唐装"的流行带给我们一个错误的理解，就是以为马褂是不开衩或者只有两侧开衩。其实马褂是前后左右都开衩的，尤其是背后开衩，由于我们看到的文物往往只有正面图而被忽略了。

早期的马褂只是圆领，后来随着立领大批进军旗装，马褂也有了立领。

话一投机就要赏你件黄马褂

在与马褂有关的信息里，我们最熟悉的大概就是清宫剧里动不动就赏赐的"黄马褂"了。

黄马褂不只有被赏赐的大臣穿，皇帝本人以及在皇帝面前当差的一些人也会穿。比如一件嘉庆皇帝的黄马褂就是皇帝本人穿过的，可以看出袖长很短，两袖通长只有120厘米，穿着时可以从黄色的马褂袖子下露出里面的窄袖。

《听雨丛谈》里说："巡行扈从大臣，如御前大臣、内大臣、内廷王大臣、侍卫什长，皆例准穿黄马褂，用明黄色。正黄旗官员、兵丁之马褂，用金黄色。勋臣军功有赏给黄马褂、赏穿黄马褂之分，赏给只赏赐一件，赏穿则可按时自做使用，亦明黄色。"

清宫剧里常说的"赏一件黄马褂"，并不是真的把一件实物赏给那个人，往往只是给那人一个穿黄马褂的资格而已，大多数时候受赏的人要回家自己做一件。

堪称服饰史赢家的马褂

正如前面所说，虽然我们对近代服饰的关注更多地在旗袍、长衫上，但真正的赢家

图 2-50 《慈禧对弈图》

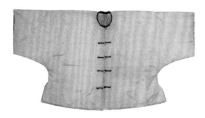

图 2-51 明黄色暗葫芦花春绸草上霜皮马褂

图 2-52 湖色团花事事如意织金缎绵马褂对襟，男便服，图②为背面，可见开衩

图 2-53 湖色缎绣藤萝花琵琶襟袷马褂琵琶襟，女便服，图②为背面，可见开衩

图2-54　穿着马褂的爱新觉罗·淳颖

图2-55　清乾隆《御制平定两金川紫光阁五十功臣像》

图2-56　图中左三的女子穿的便是马褂

却是马褂。和前两者相比，马褂似乎不那么显眼，以至于当它出现的时候，大家根本就意识不到它应该被摆在和旗袍、长衫一样的独特领域里。

马褂和氅衣、衬衣一样属于"便服"，然而马褂最早却是来自于"行服"。与其他我们熟悉的清宫服饰往往诞生于清代晚期不同，马褂出现得很早，甚至有人认为它来自于明代军服。

赵毅《陔余丛考》中写道："凡扈从及出使者皆服短褂、缺襟袍及战裙。短褂亦曰'马褂'，马上所服也。疑即古半臂之制……既曰'半臂'，则其袖必及臂之半，正如今之马褂，其无袖者乃谓之'背子'耳。"再如《清稗类钞》："马褂较外褂为短，仅及脐。国初，推营兵衣之。至康熙末，富家子为此服者，众以为奇……雍正时，服者渐众。后则无人不服，游行街市，应接宾客，不烦更衣矣。"

由此可以看出"行服褂"和"马褂"之间的区别，除了袖长明显不同以外，行服作为一个极实用的服饰种类，服装整体也显得素净简洁。而作为便服的马褂则不必考虑这些，马褂有了一定的装饰性，并随着晚清审美趋向而变得繁复。

到了民国，马褂的遗存成为官方礼服。直到现在，根据马褂的形意而诞生了"唐装"。可以说对襟马褂拥有现代服饰的便利性，而立领在很多人眼里则是中国风的显著元素，于是又有了"中华立领"。

可能很多人没有意识到这样一个事实，从清朝到民国再到现在，马褂才是真正驱动我们印象里的中国风服饰走向的操控者。

民国女学生的"标配"：
袄裙

与许多人的认知不同，民国并不是一个只穿旗袍的时代。

1912 年，民国刚刚建立，缠足禁令已下，而旗袍尚未诞生。与所有服饰史脉络一样，处在当时那个时代里的人无法超越自己所在的时代，所以女学生们穿着的依然是从清末走来的女子服饰——袄裙。只是由于风气所致，装饰慢慢简化，女学生们不再缠足，鼻架眼镜，足蹬皮鞋，头梳最时髦的发髻，从此走上引领潮流的道路。

民国初年女子的画像，一边的女子礼服还是花团锦簇，另一边女学生们素面素衣、剪着刘海就去上学了。老照片里的女学生们浅衣深裙，还有穿裤子的。与很多人印象里民国袄裙都是短衣倒大袖不同，那时的袄裙还是衣长过臀部，无论袖子还是裤子都十分紧窄，显得姑娘们个个纤细安静。

值得注意的是，袄裙立领逐渐升高，到1915 年左右达到了一个高峰。那时的立领崇尚的是越高越美，几乎可以遮住半个脸颊。

图 2-57　林徽因的校服（右一是林徽因）

图 2-58 初时的袄裙衣长过臀、袖子十分紧窄

图 2-59 身着高领上衣，下面穿的是紧窄的裤装，脚部明显有缠足后放足的痕迹（图中其实是同一个女子，这是当时非常时髦的一种拍照手法）

但这种高领没过多久又成了潮流的弃儿，大家又开始喜欢低领，上衣的长度也是渐渐缩短。来来去去的变化让追潮流的女孩很是"辛苦"。

"林徽因的校服"堪称民国时期最有名的校服照片之一，林徽因穿着培华女子中学的校服，除了裙子为百褶短裙样式，上衣较短，领子与袖口采用了与衣身不同的设计，其他都可与当时的服装对应。可以说，当时的女学生其实与现在相比并无多少不同，一样排演节目，一样做实验。

与旗袍同时存在的袄裙

20 世纪 20 年代是一个很容易被忽略而实际上是服饰史上极为精彩灵动的时代。那时候，旗袍已经出现并逐渐取代了袄裙的流行地位，从此成为中国最具特色的女性服饰。然而这一时期的袄裙，其实也十分好看。

在经历前一个修身紧窄的袄裙、袄裤的十年后，20 世纪 20 年代的袄裙、袄裤逐渐宽松起来。我们常听说的"文明新装"，或者常见的民国女学生装束"cosplay"，常常效仿的就是这一阶段的袄裙形象。

与我们对这一阶段的袄裙形象（或者说是民国女学生形象）呆板固定的理解恰恰相反的是，此时的袄裙呈现一种百花齐放的势态，其设计之新颖多变，其理念之妖媚多姿，民国之前的时期也未有能超越者。

此时的衣长极短，只有 50 厘米左右，穿起来只能勉强盖住肚脐。而且外摆呈圆弧状，两侧开衩处甚至可以高至肋骨的位置。当时人讽刺说，流行大圆角时妇女们竞相追逐潮流，连身形丰腴者也穿，显得更为痴肥。

和前一个十年相比，此时袄裙的装饰也更具有西方色彩，无论衣服还是裙子，面料常用蕾丝花边、镂空花边等，还有荷叶边、流苏等装饰。甚至于衣领也并非我们常规理解的立领，而是出现了多种领式，还包括无领。

当时女子还十分喜好以绢花、丝带、皮草装饰自身。丝巾不仅会扎于颈部，还会垂于裙边，柔风细媚，十分动人。而绢花或装饰于鬓角耳边，或装饰于肩部，丝毫不惧媚俗。

女学生们真的穿蓝衣黑裙么？

现在人总觉得民国女学生穿的上衣都是蓝色的。实际上不然，从当时的很多黑白照片来看，她们穿的应为浅色上衣，为蓝色的可能性并不大。

而深色裙子也并不简单。前面提到的裙子都已经复杂到那个程度了，又是花边又是蕾丝又是镂空又是镶边的，女学生们再简单朴素，但在这样的时代基础上，她们的裙子也可想而知不会全素。

当时的很多裙子往往长达 90 厘米上下，远非"裙长过膝"这么简单，长度都已经超过了小腿肚子。并且搭配的鞋子也不是布鞋，而是以皮鞋为主，稍见时尚的女性一般搭配的都是高跟皮鞋。不过那时的高跟皮鞋远没有现在这么高的跟，换算到现在也就是个中跟。

与我们的认知不同的是，当时的广告画中与蓝衣黑裙沾边的并没有女学生的形象，也没有一张是我们以为民国普遍梳的

图 2-60　民国时期的袄裙搭配。与许多人的认知不同，民国并不是一个只穿旗袍的时代

图 2-61　特殊的立领设计及极具装饰感的饰缘

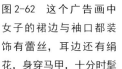

图 2-62　这个广告画中女子的裙边与袖口都装饰有蕾丝，耳边还有绢花，身穿马甲，十分时髦

图 2-63　当时女子的丝巾不仅会扎于颈部，还会垂于裙边，柔风细媚，十分动人

图 2-64 使用两排扣子固定，形制类似传统马面裙，裙子底边有流苏

图 2-65 面料为黑色条纹纱，上面有细小的花卉纹和菱纹

图 2-66 民国时期的女学生的照片

图 2-67 1925 年广州的一位女摄影师

图 2-68 注意她穿的高跟鞋

双麻花辫。女性们或盘发或断发，唯独没有麻花辫。事实上，扎麻花辫搭配这一身，对于袄裙这种款式而言，衣服太长而裙子太短，这样的比例很容易显得人五五分。

　　服饰潮流往往可以展现一个时代的精气神，20 世纪 20 年代似乎常常被我们忽略，但每每翻看那时的服装，便可体会那时的花团锦簇。

民国男装和"民国范儿"

一个女子若说她有"古典美",那便是极高的评语了,不管她是否像古画里的模样。这三个字包含的意思其实是"她是跟现在的那些洋范儿完全不同的清流"。

如果是一个男子,那就要说有"民国范儿",哪怕他跟民国老照片里的模样完全不相似,那也是很高的赞誉。这几个字包含的意思其实是"他长相周正,气质儒雅,跟现在那些油腻腻的男人完全不同"。

"古典范儿"还可以理解,可"民国范儿"是什么样的,又是从何而来,另外"民国范儿"要怎么穿出来呢?

民国男人穿什么

在说"民国范儿"之前,先说说民国的男人们都穿些什么衣服。

长袍马褂的男性造型,其实早在清末就有了,民国并未因其曾经在前朝广为流行而禁止,相反,袍褂一直是民国男性的常礼服。在1929年所定的《服制条例》中,"男子礼服"正是袍褂,并且还会搭配礼帽。

在我们的印象中,手杖、礼帽、遮阳帽这些似乎应该搭配"绅士范儿"的西装,但民国的男人们拿它们来搭配袍褂了。对于同一套服饰里的中西界限,民国的人一贯是不怎么在乎的。

所以,洋装也是民国青年、名流或洋务者的首选。

图 2-69　1921 年的顾维钧先生

图 2-70　1912 年至 1917 年之间，一位大学教师与夫人及其五个子女的合影

图 2-71　1917 年至 1919 年之间，北京监狱

图 2-72　1915 年，顾维钧夫妇

图 2-73　1926 年，杭州街头

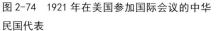

图 2-74　1921 年在美国参加国际会议的中华民国代表

图 2-75　20 世纪 20 年代的车夫

　　1912 年，民国诞生那年的大礼服（级别高于常礼服袍褂）所采用的就是洋装，并且在常礼服中也可采用洋装，其余各种行政职务的制服，也是采用洋装。民国主流力量对于洋务的推崇可见一斑。

　　而后来的短装又是从何而来的呢？一般来说，民国略有身份的人，都是长袍打扮；短装因为行动便利，一般都是社会下层及劳动人民的装扮。袍褂不见得非得是名流才可以穿着，但相对于短装自然是正式了许多。

图 2-76　1938 年，穿着军装的女兵

图 2-77　1938 年，穿着短装的八路军

此外，民国老照片里还有很大一块着装类别是军装，也就是我们一般人非常容易将其误以为是中山装的服装。尽管中山装的起源众说纷纭，但是这种极具军装风格的服饰，在当时处于战时的中国，常有领导者穿着。

不晓得是不是受影视剧的影响太深，我们总觉得一个人穿袍褂就是保守、封建，也就不太会去穿洋装。其实除了特定礼服，服装款式对于身份的标记作用并没有那么强烈，甚至职业属性的制服出现也是很晚的事情了。

什么是"民国范儿"

所谓"民国范儿"，用通俗的话来说，大概就是有一种看起来读过书的样子。在我个人看来，"民国范儿"还有一种"精英"的感觉，它与时代没有太大关系。

有人吐槽现在网上流行的"总裁文"里的男主，一水儿都是外表冷漠内心热情又缺爱，而真实世界的精英往往都是看起来外表亲和礼貌，内心理性淡漠。"民国范儿"的人大多也具备这种气质，使人望之心生仰慕却不敢亲近。

民国的人为何会有"民国范儿"？

其实正如本节开头所说，古典美与古代关系不大，"民国范儿"和民国关系也不大。人总有一种复杂的心态，以为过去的比现在的要美好。不过"民国范儿"之所以会是现在大家以为的这个样子，还有其他原因。由于民国距离现在很近，那个革新了几千年面貌的年代留下的许多精彩如今依然触手可及，比如那些灿若繁星的大师们，他们给民国奠定了一个很高的基调。

怎么穿出"民国范儿"

简单粗暴地说，"民国范儿"的服装有三大类可以选择：

【传统组：长袍马褂】

可以单穿长袍，不搭配马褂，也可搭配马褂或马甲。缺点是穿得不好容易像说相声的，更糟糕的是现在的长袍和旗袍一样，制作者已经不会做一个周正又精神的大襟了。之前春晚有男星穿过，尽管衣服细节上硬伤不算多，但是总感觉放量不足，显得十分局促紧张。

图 2-78　1948 年的一张合影，图中有众多名家

图 2-79　1932 年江苏的学生

图 2-80　1934 年长沙中华循道公
会的牧师

【西洋组：西服大衣】

现在越来越多影视剧里的西装用的是现在的西服款式，甚至休闲款。但民国西服其实基本接轨西方，所以有比较严格的场合区分，而且板型规整而肃穆，并不是随便一身三件套就可以的。大衣也是很多人外出会选择的，看起来更加简洁自然。

【东洋组：诘襟】

诘襟是什么？后面会详细介绍。民国初期诘襟还挺常见的，因为从清末开始非常流行派遣学生去日本留学。这么说吧，知识分子的大师去的大都是英美这样的西方国家，而革命党人和军人则往往多去日本留学。一则因为去日本便宜，二则视明治维新后的日本为榜样而学习政法。所以当时日本男学生的诘襟在国内偶有出现。

以上，前面两组基本无选择压力，但是诘襟相对来说有特定背景，不是那么随便可以选择的，流行度要低得多。而前面两组当中，第一组适用的阶层又广泛一些。

另外解释一下为什么没有中山装和短装。类似中山装的服装，当时军人穿的比较多，民国大师反而不怎么穿，所以其实不太适合扮"小资情调"的"民国范儿"。至于对襟、大襟的衣裤组合，适用阶层主要在劳动人民，也不太适合扮"小资"。毕竟我们讨论的是怎么穿出"民国范儿"，而不是怎么穿成民国人。

图 2-81　1939 年,胡适(左一)

图 2-82　1922 年,燕京大学毕业式,男士们穿着各种服装

诘襟和学生装

前面说到的诘襟,也被称为"学兰",在日本自 1879 年被指定为男生校服后,成为知识分子和上流社会的某种象征。这种服装是青年装的雏形。

清代晚期以来,我国就与日本常有民间往来,到民国前期,大量学生留学去了日本,民间交流一直都在。这是青年装一直被保留下来的背景。

然而,要特别指出的是,学生装虽然名称中带有"学生"字样,却从来没有成为民国男学生的统一制服。从老照片看,民国男学生的穿着与当时他们的同龄同阶层的人无异。可以这么说,学生装的流行程度被后人夸张了。1949 年后,民国流行的长衫、洋装等款式或被视作旧时代痕迹,或被视作资本主义痕迹而不再提倡,于是中山装、青年装、学生装等才真正兴盛起来。

由图 2-83 可以看出这三者的区别,以中间青年装为坐标,左边两个领式相近,右边两个袋式相仿。

不过后来,学生装的立领与三袋布局未变,样式却由原来的一字形挖袋变成了无盖贴袋,之前的样子更接近日本诘襟。

再后来,青年装、中山装、军便装合称为"老三装"。

这种男装格局,一直维持到 20 世纪 80 年代才开始被看到外面世界的国人更换,而后便是西装、喇叭裤、蝙蝠衫的流行。好像就是从那时开始,大家逐渐遗忘了青年装、军便装、学生装之类的区别,将类似这样的服装统统视为"中山装"。

学生装和中山装的区别

如今的学生装经过设计变形后,以"中华立领"的形式被大多数人所熟悉,已经不复当初的样子了。

学生装、青年装之所以容易和中山装混淆,是因为"老三装"从缝制角度来说大同小异。当然从视觉上找不同,还是有很多明显差异可以找的。

领子的区别最为明显,而且哪怕是一些

图 2-83　1957 年出版的服装剪裁书中的插图，从左到右依次为：中山装、青年装、学生装

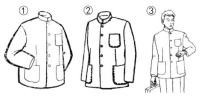

图 2-84　从左到右依次为 1970 年、1993 年、2006 年出版的书中出现的学生装

图 2-85　1981 年上海不同出版社的剪裁书中关于青年装的形象

图 2-86　1981 年上海不同出版社的剪裁书中关于学生装的形象

只有脸部特写的图像也可用来识别。中山装为直翻领，扣好后呈现八字形，并且可以看到第一粒纽扣，领角以不可碰到扣子为准。可以说，中山装的领子是特别的，有别于衬衫领、西装领等。军便装和青年装本身更像是中山装的简化版，所以采用的领式与中山装相同。不过，青年装也有衬衫领式样的。

另一个主要区别在口袋。首先数量上区别明显，中山装和军便装是四个，青年装和学生装都是三个。中山装的四个口袋都是有盖的贴袋（外表可见口袋的全部轮廓），上排小，袋盖弧形中间有个小尖，口袋整体是圆弧形的，下排大，是方袋（俗称"老虎袋"）。军便装与之类似，不过将贴袋改成了挖袋，但保留了袋盖。青年装及早期的学生装则是三个挖袋（外面只能看到口袋的上沿，看不到口袋轮廓），上排只有一个袋，无袋盖，下排两个，有袋盖。后期的学生装则是把挖袋改为圆弧形的贴袋，且无袋盖。

然而，在实际生活中，会有很多混淆的情况。首先被混淆的是青年装与学生装。由于款式本身就是同源变形，很多人都认为这些是中山装的变形，然而学生装出现得其实比中山装早多了。它们主要混淆的地方在于，青年装也可以是立领，立领的青年装和学生装基本一致了。再比如中山装的领子可能会被解开扣子，看起来像普通衬衫领或翻驳领，也有可能被折叠得很挺直，看起来像是立领。

由于中山装与其他几种区别相对大一些，而且穿着场合相对正式一些，所以最好不要混淆。最容易犯的关于中山装的错误，一个是领子不能是立领，另一个是口袋。口袋的数量好模仿（不就是四个嘛），但是小袋的袋盖必然有尖形突出，大袋必然是大方袋才好。

束发与披发，
不全是古装剧的错

和我们印象里古风美男们披肩散发不同，真实的古代男子很少将自己的发髻裸露示人。很多人一提起清代以前的男子装束，往往喜欢强调"束发"，好像男生把头发留长然后扎个丸子头，就完成复原了。其实哪有那么简单。

这就涉及我们前面曾经说过的两个问题当中的另一个，也就是"披发左衽"当中的"披发"。

古装剧的男男女女为何喜欢披头散发

在说这个话题之前，我们先明确几件事：一是古装剧并不默认是写实的，除非对外宣传自己写实；二是符合历史只是部分古装剧的宣传卖点，而不是一部影视剧的必备要素；三是影响古装剧服饰还原度的往往不只是考据水平，更大程度上是整体影视剧产业的问题。

图 3-1　宋徽宗《听琴图》

图 3-2　北宋《秋庭戏婴图》局部

图 3-3　南宋《十八学士》局部

图 3-4　南宋《斗茶图》局部

图 3-5　清代《胤禛耕织图》局部

好了，可以开始聊这个"披头散发"的话题了。到底是谁发明了古装剧里的披发造型？

对于古装剧里的男演员来说，在造型上最大的问题就是——现在的男性几乎都是短发，而古装的男性都是长发，于是在造型上便不得不依赖头套。

这就涉及商业行为，如何能在视觉效果和时间成本、金钱成本的比值上达到最大化，才是一部片子最需要考虑的地方。显然，我们熟悉的那种上半部使用齐整发髻、下半部采用飘逸披发的发型，是一种不错的选择。这种半束半披的头套比起全束的头套，对于男演员本身头发的遮蔽效果更好，也更省事，尤其是可以遮蔽男演员后颈处的头发。哪怕使用全束发套，也往往会在后颈处延长，用以遮蔽真实的头发。近年来，全束发套使用得越来越多，正是因为现在的发套后面越来越低。观众对半披半束的发型也很喜闻乐见，在网上评点古装美男的帖子里，这种发型的比例也很高。

为了方便行事而使用头套，最极端的例子就是早期港台的清朝影视剧了。如果说演员演其他古装剧只是忍受一下比较漫长的化妆时间，那么演清朝剧还需要去剃光头，就太影响形象了，而且还会影响通告、接档。在种种因素的阻挠下，就出现了清朝剧里也不剃光头的发套。

半披发涉及的不只是成本问题，也有多年以来留给人们印象的惯性。若无其他附加条件，单纯讨论不同发套形式的年龄感，半披半束的比全束的显年轻。还有，鉴于很多古装题材都与武侠有关，所以披发还能用以表现放荡不羁的江湖感觉，比如《武林外传》里白展堂与吕秀才就仿佛在两个次元。类似的还有《琅琊榜》里的蔺晨，

图 3-6　明代《杏园雅集图》

全剧男性几乎都全束，只有他一人披头散发，当他和束发的人站在一起时，一种你在庙堂、我在江湖的差异感立刻就出来了。一般来说，全束可以表现角色的沉稳、严谨和拘束，半披半束则有飘逸、灵修和儒雅的感觉，一头乱发那就是放荡、狂野和不羁了。

　　在女性发式上也是如此，启蒙了一代人古装梦的老版《红楼梦》在角色发型设置上其实就有很明显的脸谱化。未婚女性几乎都是刘海搭配脑后低马尾，有些还会在两鬓加一些小辫子的造型。这种低马尾保留了早期戏曲装扮的痕迹，以至于很多人认为只要将头发扎成低马尾就不算披发了。由于女演员自己往往是半长的头发，所以在刘海、小辫子上就可以使用一部分真发，而剩下的也正好利用低垂马尾与假发嫁接。而已婚女性则不仅没有刘海，还会去掉脑后的低马尾。同一个人物在不同年龄或不同场合可以用发型来表现不同。这是戏曲和影视剧天然的脸谱化带来的问题，不是某一个剧或某一个造型师可以突破的。更何况，这还涉及经济成本。所以，怀有历史理想是好的，可惜现实很沉重。

束发是一个完全正确的答案吗？

既然这么问了，懂得套路的读者大概能猜出来它显然不是一个正确答案。

许多人在挑剔古装剧"披头散发"的时候，还喜欢附带一句：未成年可以披发，成年就必须束发。

前半句看，孩童的确有披发的现象存在，但绝对不是复刻一个半披半束的发型：上面的一个或两个发髻整整齐齐，下面的披发整整齐齐。然而只有使用发套才能做到如此齐整，实际生活却不一定。

有些人喜欢引用那句"身体发肤受之父母"，却不知孩童是需要剃发的，而且男孩女孩都要剃。如《金瓶梅》里写道："李瓶

儿道：'小周儿，你来得好，且进来与小大官儿剃剃头，把头发都长长了。'小周儿连忙向前，都磕了头说：'刚才老爹吩咐，教小的进来，与哥儿剃头。'月娘道：'六姐，你拿历头看看，好日子歹日子？就与孩子剃头！'这金莲便教小玉取了历头来，揭开看了一回，说道：'今日是四月廿一日，是个庚戌日，金定娄金狗当直，宜祭祀、官带出行、裁衣沐浴、剃头、修造动土，宜用午时。好日期！'月娘道：'既是好日子，教丫头热水，你替孩儿洗头。'教小周儿慢慢哄着他剃。小玉在旁，替他用汗巾儿接着头发儿。那里才剃得几刀儿下来，这官哥儿呱的声怪哭起来。那小周连忙赶着他哭，只顾剃。不

图 3-7　仕女画中的女子正在梳妆

想把孩子哭的那口气敝下去，不言语了，脸便胀的红了。李瓶儿也吓慌手脚，连忙说：'不剃罢，不剃罢！'那小周儿吓的收不迭家活，往外没脚子跑。月娘道：'我说这孩子，有些不长俊，护头，自家替他剪剪罢。平白教进来剃，剃的好么？'"

有长发经验的人都知道，束发或者扎马尾，总有一些乱发是难以收拾的，真实的情况达不到发套那样的整齐柔顺，所以修整发际也是一件很重要的事情。并且，头套的使用让许多人以为古人是裸髻，光秃秃地扎着头发就出门了。虽然秦陵兵马俑里有很多这样子的造型，然而很多也并非如此，尤其是那些略有级别的将士。

古代服饰不是恒定不变的，而是一条发展的线。汉代以来，成年男子就几乎不再裸髻了，这点在稍有身份的男性身上更是明显。实际上，哪怕在一些身份不高的男性身上，裸髻也是比较少见的。

许多人特别容易陷入的一个误区，就是把古人的服饰类型化、标签化。比如，有些人以为不同民族、不同年纪、不同职业的人在服饰装扮上就要有明显的区分。但历史不是 excel 表格，按一下"筛选"就把人自动归类，真实的生活太琐碎了，又太现实了，所以无暇迎合后人。

不得不指出，这种固化思维有很多来自于影视剧带来的程式化思维、脸谱化角色，大家默默向一个规则靠拢，久而久之就形成了惯式。于是才有了前面说的披发江湖、已婚盘发等约定俗成的规矩，这都不是一朝一夕铸就的。

图 3-8　东晋顾恺之《女史箴图》局部，里面有女子梳头的画面

为什么没人想要复兴古人的发型?

很多服饰上的革命,其实真正的重头戏往往在脑袋上,无论是清初的"剃发易服"还是清末的"剪辫子"都是如此,可见大家更在乎的还是发型。即便在保留了更多传统服饰的韩日,发型的保留却也远逊于服饰——服饰可以很传统,但是发型却要很时尚。

人们为什么抛弃长发?

如果我们去看清代末期以来的时尚变化,就会发现发型的变化频率远远高于服饰。它最早感受到各种新潮流。不过人们更关心的是,那种男女皆留长发并规整地盘束起来的传统,为什么被抛弃了?答案是因为这里隐含了生活成本的问题。

首先,由于服饰是附加的,可以切换,所以人们在日常生活与古风体验之间的转变不仅便捷,而且没有"后遗症"。而发型则不然,尤其在以短发为主要潮流的现代,将头发留长带给生活、工作上的不便利太显而易见了。一般来说,服饰的发展变化并不那么剧烈,或者说,服饰是一道选择题,我可以选择跟随世界潮流,也可以选择一亩三分自留地,切换的简便换来的是保留的可能性。但是发型,抱歉,每个人只有一个脑袋,只能留一种发型,所以这是一道单选题,绝大多数在社会里按部就班生活的人只能选择跟随世界。

其次,服饰可以保留下来,但是发型却容易被遗忘。哪怕有照片,也只能记录发型外部的轮廓,而无法记录内部的结构和梳妆的过程,后两点的重要性其实远大于第一个。所以一旦发型的潮流过去一段时日,恢复的难度绝不是复原一件服饰可以比拟的。

所以,一曰"贵",二曰"难"。已经算是"简单模式"的服饰复原,如今尚且纠缠不清,更何况发型这样的"困难模式"呢?

其实算起时间来,中国女性放弃盘发的历史绝对少于一百年。瞧,一百年的时间都不到,大家就全都忘光光了。

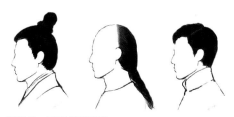

图 3-9　男子发型变化

但是每当我们提起盘发或者古风发型的时候,从没有人想过是不是可以先从比较近的、有影像资料的开始恢复,更别说一些少数民族聚集区还有大量盘发存在,那些我们是不是可以先抢救性地记录下来呢?

有些人会觉得,在清代剃发之后,我们把头发再留回来不就行了么?其实事情哪有这么简单。任何时代都是由错综复杂的细节构成的,这些细节的共同特点就是看起来不起眼而实际上每个环节都很重要,这就是为什么过去的时代可以被追忆而我们却永远回不去的原因。

帽子与簪花的趣闻

说完了头发，下面就来说说头发上面的物什。

我们知道，一般情况下，女人们梳发髻戴簪花，而男士们则通常戴着帽子或者用布将头发包起来。前者好理解，后者在古代不同时期的主要流行款式都不太一样，即使是同一时期，人们所戴的也有所不同。

本节就来讲讲帽子和簪花的趣闻。

幞头：成本最低的穿越道具

说到中国古代男性在头上戴的东西，最具代表性的就是幞头了。孙机先生说，幞头除了被邻国效仿以外，是世界上独一份的，所以可以视作中古时代中国男装的独特标志。

中古时代最引人注目的就是唐代了，而幞头对唐代男子来说，几乎是人"首"一顶。

可是幞头究竟是什么样子呢？是一种帽子吗？大多数影视剧都是用帽子来表现它的，直到网上有一位小哥，拿着一块黑布几下就倒腾出一个唐朝模样来，许多人才惊呼——幞头原来不是帽子！影视剧误我啊！

图 3-10　唐代陶俑

图 3-11　东汉击鼓说唱陶俑

图 3-12　南朝砖画竹林七贤局部

一块黑布包成的幞头，简直没有比这更便捷、更简便、成本更低的穿越道具了，套用一句广告语："你，值得拥有。"

别看幞头貌似很简单的样子，但是它的来头一点也不小。这么说吧，如果学会戴幞头，中国几千年的历史，你大概可以去晃个一千年。还有那些九品芝麻官的打扮，就是我们俗称"乌纱帽"的，其实说到底也是它，是幞头啊！

故事要从"很久很久以前"说起，至少可以追溯到汉代，当然那时候还没有幞头什么事呢。那时候平民男子都喜欢用布包头，这种东西被叫作"绡头""帩头"。著名的乐府诗《陌上桑》里有一句"少年见罗敷，脱帽著帩头"，说的就是这种用布包头的男子装扮。需要指出的是，这种用布包头的方式绝不是拿块布只包住发髻那一团，就像很多影视剧所表现的那样，而是要包住更大的范围。

绡头有没有实物呢？大家都知道有一件东汉击鼓说唱陶俑的文物，俑人袒胸露腹、着裤赤足，头上扎了一个和"白羊肚手巾"很相近的物件，可能便是绡头。这个说唱俑一方面展示了当时底层男性的头上装束，另一方面也说明这种装束风俗由来已久。绡头和"白羊肚手巾"都属于包头巾的一种。各种形式的包头巾是中国古代平民的一种标志，因为当官了就会戴冠，于是便用"解巾"表示去当官。

而"竹林七贤"的装束，应该就是没有品级意义的巾，孙机先生认为可能是由汉代的"幅巾"发展而来的。再回头去看说唱俑，就会发现尽管刻画的人物神态不同，但是人物装束却很相似，"竹林七贤"应该是在效仿底层人民的装束，借此显示自己的不羁。

尽管用布包头的习惯由来已久，但幞头却不是从这里继承发展而来的，而是非常可能来自于胡服，很可能与鲜卑人有关。鲜卑的服饰曾经大面积影响过中国北方，

图 3-13 北朝鲜卑服武士陶俑戴的便是风帽

留存下来的遗风自然也就很多。而幞头的源头，孙机先生认为是被后世称为"风帽"的一种后面带披幅的帽子。这种披幅可能与北方民族所处的特殊地理环境以及他们本身的编发有关，所以进入中原以后就慢慢变得不必要了。于是披幅被扎起来，就逐渐形成了最早的幞头雏形。

而到了唐代的前一个朝代隋代的时候，幞头的模样已经初具规模了。

可能你会说："这不对啊，隋代这个幞头跟我们熟悉的样子很不同啊！"这是因为，任何事物的出现，总是先满足实用的需求，后来才会发展出美观和装饰的功能。隋代的幞头尽管没有唐代前低后高的落差，但是已经具备四个"脚"了，即分别在额前和脑后两两相系的四个带子。

而唐代的幞头为什么会有奇怪的落差，一开始大家都不知道原因，毕竟是藏在那块黑布之下的世界，只能通过文献去推测。直到新疆阿斯塔纳古墓群出土了唐代的巾子，这件事才真的尘埃落定——有时候大家为一个问题挠破头，都不如考古一个实证。

古人提到巾子的地方，比如唐代封演《封氏闻见记》卷五："幞头之下别施巾，象古冠下之帻也。"宋代郭若虚《图画见闻志》卷一："巾子裹于幞头之内。"

图 3-14 隋代幞头形象

图 3-15 懿德太子墓壁画所显示的唐代幞头

图 3-16 新疆阿斯塔纳唐墓出土的巾子

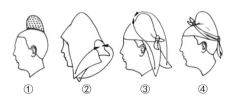

① ② ③ ④

图 3-17 唐代软脚幞头的系裹过程

图 3-18　南宋《中兴瑞应图》局部

图 3-19　南宋《杂剧（打花鼓）图》局部

图 3-20　永乐宫壁画

所以我们才明白，影响唐代幞头外形的并不是他们的发髻，而是幞头下巾子的形状。一个巾子，一块黑布，就形成了一个很有大唐气象的装扮，是不是很有趣呢？而且扎幞头的过程也不难，可以参考软脚幞头系裹的图解过程。

由于这种幞头每次装扮前都需要重新裹一次黑布，所以额前和脑后的绳结怎么打并不重要，影响其发展的更多在于巾子。为了区别于后来其他的幞头，这种幞头被称为软裹软脚幞头。

幞头的那块布是那么有趣，所以爱美的唐代男子不仅找各种好用的面料，还发明了不同的裹头方式。比如使用轻薄的纱罗面料，又如会将面料沾水增加其贴合度等。皮日休在《以纱巾寄鲁望因而有作》中这样写道："周家新样替三梁，裹发偏宜白面郎。掩敛乍疑裁黑雾，轻明浑似戴玄霜。今朝定见看花昃，明日应闻漉酒香。更有一般君未识，虎文巾在绛霄房。"

可是人总是越来越懒的，所以唐代中后期开始流行硬裹幞头，就是将原来需要每次装扮时都裹一次的布一劳永逸地固定到巾子上面，有点类似于帽子。而原来由于使用布扎系而产生的各种形状的脑后两脚也就不再具备实用功能，所以它们作为最早幞头的形式被保留下来，并演变成各种装饰意味很强的形态，这种幞头也被称为硬脚幞头、展脚幞头等。又由于装饰化的幞头脚很像两个翅膀，所以也被称为硬翅幞头、展翅幞头等。

然而影视剧中要么将原本的软裹误用成了硬裹，要么干脆就使用了戏曲化的表现形式，特别是和唐代相关的影视剧中，我们几乎从未见过真正的软脚幞头。

宋明时期，幞头早已发展成为上到皇帝、下到仆役都会戴的巾帽，却依然保持着整体的朴素。乃至于明代皇帝所用的也是一种硬脚向上折的幞头的"后代"，可见幞头家族的兴盛。

不过值得指出的是，虽然硬脚幞头不断发展壮大，但软脚幞头并未退出历史舞台，直到明代仍然有这种幞头，被称为"唐巾"。如《七修类稿》中写道："今之纱帽即唐之软巾，朝制但用硬盔，列于庙堂，谓之'堂帽'，对私小而言，非'唐帽'也，唐则称'巾'耳。"《醒世姻缘传》第二十九回："只见一个戴乌纱唐巾，穿翠蓝绉纱道袍，朱鞋绫袜，一个极美的少年。"

从幞头的巾，到后来的乌纱帽，这一块黑布就这样完成了"飞升"。没有人在乎它是不是来自于胡服，服饰体系兼容并存，同样是在印证文化的多样性，以及中华文明无与伦比的兼容性和吸纳能力。

想穿越回唐朝吗？拿好那块黑布，准备好裹在头发上吧！

皇帝冕服哪家强？

影视剧里出现的错误，归纳起来大概可以用三个问题概括：汉朝皇帝可以穿冕服吗？影视剧里的冕服到底穿对了没有？为什么影视剧中总让皇帝穿冕服？

不得不说，影视剧里的角色往往被当作戏曲角色一般处理，用极具符号化的装扮来提示观众他们是谁，而皇帝可谓是这种角色的"重灾区"。可是你知道吗，其实西汉的皇帝根本不穿冕服！

西汉前期的历史在中国几乎人尽皆知，加之汉武帝又是许多人喜欢的历史人物，所以西汉皇帝的故事就经常被搬上荧幕。然而，并不是中国历史上所有的朝代都使用冕服制度。冕服制度作为"礼"的组成部分，一般

图 3-21　明代《皇都积胜图》局部　　图 3-22　明代《徐显卿宦迹图》局部

图 3-23　明代商喜《关羽擒将图》局部

图 3-24　明代翼善冠（又名折上巾）的正面和反面

图 3-25　明代鲁荒王墓出土的冕冠

认为形成于周代，"周礼"也在后世成为儒生们十分推崇的规范准则。《周礼》里提到周代有六种冕服，称为"六冕"制度，然而究竟是什么样子，现在谁也不知道了。值得一提的是，冕服并非只有周天子可以穿，公、侯、伯、子、男等爵位的人，甚至卿、大夫也可以根据自己的身份穿着不同的冕服。

东周时期，诸侯国割据，也就有了我们熟悉的春秋战国。周亡了没多久，秦国就统一了天下。秦始皇作为当时天下唯一的皇帝，本应该重启"六冕"制度，然而秦国讲究的是"法"治，而非"礼"治，所以秦代废除了周礼里所有的吉服，只保留了一种叫"衿玄"的服饰。所以，秦代没有冕服，继承秦代制度的西汉也没有冕服。

因此，我们现在以秦汉时期为背景的影视剧（其中大多数都在西汉），只要让皇帝穿冕服，无论冕服本身形制是不是正确，其实都已经弄错了。当然，也有人提出，西汉可能有一段时间实行过冕服制度，不过这种说法缺乏实际证据；也有人提出，衿玄可能就是六冕里最低等的玄冕，然而这种说法也没有实证。

时间来到东汉永平二年（公元 59 年），这是一个值得纪念的年份，我国的历史上终于有了系统化制定的冠服制度。很多历史学者甚至认为，这一年才是中国冠服制度的真正开端，而冕服制度也真正从东汉开始实行了。

然而，此时距离东周灭亡已经过去了三百多年，中间相隔了两个朝代，儒生们只能从曾经的经书里逐字逐句去考察那些记载的服饰究竟应该是什么样子。如果用现在网络上的事情来打比方的话，他们"挖坟"了一个几百年前的帖子，然后还企图猜测那个"挂掉"的图片究竟是什么模样——这样真的可靠吗？不知道。我们现在对周礼服饰的许多理解便来自这个时期的注释，比如郑玄、蔡邕等人的著作。而他们主要引用考察的对象《周礼》，这本书本身的成书年代、作者和对于周代记述的真实性就颇受怀疑。一般认为《周礼》成书于战国后期（也有认为在西汉前期），但是我们都知道周代很长，有近八百年，到战国时早就礼乐崩坏，不然也不会出现秦始皇废除周礼的做法。

那么现在影视剧里的冕服设计如此统一，又是来自何处呢？大约是来自一张所谓"秦汉冕服"或者"汉代冕服"的示意图，而后就广为流传。虽然是出于学者之手，但它也不见得完美不可挑剔。譬如，周代时期为"六冕"，至少得画六套冕服才对，只有一套冕服显然是有问题的；再就是东汉前没有冕服，那么秦汉冕服是怎样出现的呢？

尽管秦汉冕服确有一些问题，但可以确定的是，在东汉，我们认知里的冕服诞生了。

这里说一说冕服中的冕冠。相比于一些容易搞错的古代服饰，冕冠的辨认度真的很高，因为它就是一块板，前后垂着珠帘，几乎没有别的冠与它近似了。

如前所述，《周礼》中提到过"六冕"，具体文字是这样写的："司服掌王之吉凶衣服，辨其名物与其用事。王之吉服：祀昊天上帝，则服大裘而冕，祀五帝亦如之；享先王，则衮冕；享先公、飨、射，则鷩冕；祀四望山川，则毳冕；祭社稷、五祀，则希冕；祭群小祀，则玄冕。"

然而这个描述非常不形象，且缺少其他史料佐证，加上秦代和西汉都废除了冕服，中间隔了好几百年，所以到东汉的时候，恢复冕冠实际上是一种挺勉强的考据行为。而且六种冕服中实际上也只恢复了其中的衮冕。

那么东汉的冕冠是什么模样呢？应该说，其形制正式确立的时候已经是类似于现在大家比较熟悉的样子了。《后汉书》中记载："冕冠，垂旒，前后邃延，玉藻……皆广七寸，长尺二寸，前圆后方，朱绿里，玄上，前垂四寸，后垂三寸，系白玉珠为十二旒，以其绶采色为组缨。"

当时还明确提出了冕冠上的旒（就是那个珠帘）以材质与数量来区分等级，最高是十二旒，后面依次是奇数递减的九、七、五（由于不同朝代规定有区别，所以具体情况还是要翻看那个朝代的记载）。而且早期的一些冕冠可能只是前面有旒，并不是后来的前后都有。

此外，冕冠上还有一个很重要的物件，就是"充耳不闻"的那个充耳。充耳是垂在耳朵两边的珠子，不是有些影视剧里用来将冕冠系在头上的系带。

当然冕冠演变到后来出现了"怪咖"，比如日本人后来就把自己的冕冠改成了四面垂旒的样式，不懂他们在想什么。

至于网上流传的"不能让臣子看到皇帝的脸""对皇帝有警惕意义"之类的解读，我对此总是有些怀疑。很多时候是事物先存在，然后才被人附会出各种意义。因为有一些冕冠是没有旒的，比如唐代的大裘冕就没有旒，意味着它就是光秃秃的一个板子。一般认为，旒冕的产生晚于无旒冕。

图 3-26 　唐代阎立本《历代帝王图》中的北周武帝宇文邕（左二）和南朝陈后主陈叔宝（右三）

虽然冕冠大概可以恢复成这样，不过整个冕服的考据真的是个"坑"，常年填不起来。由于冕服是等级极高的礼服，即便是皇帝本人，这辈子其实也穿不了几次。所以冕服留下来的无论图像资料还是出土实物都非常少，几乎无法串联成一个完整的冕服历史。

历史画作当中也曾出现过一些大家以为是冕服的图画——比如阎立本《历代帝王图》里北周武帝的形象，就被很多人视作冕服的范本，也是之前提到的冕服示意图的绘制参考。但是名和物、文和图的关联在外行人看起来是如此简单，而对内行来说却是千难万难的一件考据工作。就目前来看，在拥有冕服制度的朝代里，明代实物和文献形成的"证据链"最为严谨可靠，毕竟明代皇帝和亲王等的墓挖掘了不少，时代也距离我们最近。

图 3-27 　清代宫廷戏画

这样一身冕服，皇帝总穿着它，累不累呢？

累啊，但是导演让穿，不能不穿呀！

中国的影视剧存在和戏曲一样的"脸谱化"或者说"衣箱化"问题，通过指定服饰，可以做到一个角色出场不需要打字幕，观众就知道他大概是富是贵、是忠是奸，并且戏曲里许多人物的脸上还要有脸谱。影视剧本应该离这样子的刻板印象越远越好，然而惯性思维却不是那么容易甩开的。

皇帝在日常生活里又是什么样子呢？有一幅清代的画，里面的人几乎一水儿的日常穿着。如果我说画里有皇帝也有皇后，可能一般人会吃惊——如果不是中国绘画有把地位高的人画得大一些的习惯，恐怕真不好认出来他们，因为你会发现，皇帝和周围人穿得很相似。

没错，为什么皇帝要穿得不一样？他是皇帝啊，现场的人都认得他，为何还要穿冕服、龙袍来特意告诉别人他是谁呢？大家本都知道他是皇帝。这个问题不仅仅出在皇帝身上，就算普通角色也不能避免，但是影视剧里却需要这种"符号"。

点翠：舆论漩涡中的非遗传承与动物保护

点翠多次引发争议，开始是因为影视剧，后来是因为有关非物质文化遗产（简称"非遗"）技艺的传承。

印象里，点翠在网络上第一次引发讨论是因为TVB的热播剧《宫心计》。在这部影视剧的第一集，就以点翠工艺为戏剧冲突点，串联起多个人物的角色身份和性格，并预示了全剧的发展走向，不可谓不重要。然而剧中那只名为"凤凰朝日"的簪子，从设计到成品都是有问题的。应该说编剧对工艺进行过大概了解，所以从台词来说，并没有和点翠工艺有不符的地方，但是道具做出来却令人大吃一惊。道具师想必是从点翠用羽毛制作这点出发，望文生义了，对真正的点翠并没有深入了解，所以把一个点翠工艺的簪子做成了一只五颜六色的"鸡毛掸子"，闹了好大一个笑话。

点翠本身并不是传统工艺的中心话题，以前关于它的介绍少之又少，令它卷入话题中心的是网络上"天价点翠头面"的争议。

其实很多人对点翠本身的认知有很大的误区。比如实际上点翠并不活拔翠鸟的羽毛，翠鸟是死是活对

图 3-28　图中穿黄色衣服的"大"人为皇帝

图 3-29　图中比其他人"高大"的是皇后

图 3-30　图中明显比别人大了一号的是皇帝

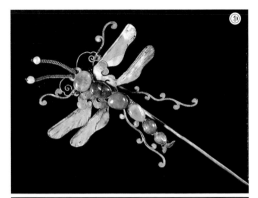

图 3-31　清宫旧藏的点翠首饰，露出金属色的部分都已脱落

图 3-32　点翠凤吹牡丹纹头面（摘自《清宫后妃首饰图典》）

于点翠最后的品质影响也不大。当然，我们确实应该呼吁保护动物，希望无论什么工艺都不要伤害动物或者把伤害降到最低程度，特别是列入国家保护动物的珍稀品种。因为这不只是一个道德问题，还是一个法律问题。

点翠所用的翠鸟至少在宋代就已经是奢华的代名词，说明其自古以来便稀少难得。不过宋代所用的量词是"只"，鉴于翠鸟的习性，这些朝贡上来的应该是已经死去的鸟。到了明清时期，用于贸易和朝贡的记录改为了"翠鸟皮"，想也知道这肯定是死鸟的皮啊。

翠鸟皮有多贵呢？按照明代《东西洋考》里记载万历四十三年（公元 1615 年）时的"翠鸟皮四十税银五分"换算，2.7 张翠鸟皮顶一张虎豹皮，2.4 张獭皮顶一张翠鸟皮，10.4 斤鹿角顶一张翠鸟皮……这还是在点翠尚不被推崇的晚明。到了清代，点翠的使用达到了前所未有的高度，自然对于物种的打击就更甚了。

根据记载来看，使用翠羽作为装饰的历史是很长的，但是否都来自于翠鸟，是否都用来制作首饰，是否都采用了点翠工艺，则是有疑问的。从实物证据看，在衣服上缀以羽毛的历史更长一些。宋代"禁铺翠"出台背景之一的"（永庆）公主尝衣贴绣铺翠襦入宫"，其故事里出现的很有可能就是这种。

而今的点翠作为细金银加工的辅助工艺，其地位应该比肩烧蓝。烧蓝也曾代替过翠鸟资源枯竭下的点翠，原因就是烧蓝不需要翠羽，而且更耐用。点翠的羽毛是粘上去的，上面的点翠多少都有剥落，即便是故宫博物院官方发布的图片上也往往如此。但这些都已经是清宫旧藏里品相较好的了，可见点翠本身是不太耐用的。

关于很多人争议的问题，即点翠在不在非遗名录当中，应该说，点翠是一种辅助工艺，但长时间没有得到关注，所以申请非遗的时候可能没有马上想到它。在国家级非遗名录里有一个"花丝镶嵌"的工艺，可以延伸到使用翠羽，但这不是点翠成为国家级非遗的证据。目前只有"北京点翠"在2014年入选北京市级非遗名录。值得玩味的是，"北京点翠"竟然没有作为"传统技艺"这个类别入选，而是被归纳在"传统美术"当中。

点翠的技艺传承和翠鸟保护之间真的有不可调和的矛盾吗？我个人觉得是没有的，与商业价值之间倒可能有一点。点翠技艺本身是一种将鸟类羽毛进行镶嵌的金银细工，在材料匮乏的情况下，采用染色鹅毛或别的鸟类羽毛是不影响对技艺本身的掌握的，也没有任何证据表明，贴鹅毛比贴翠羽更难或更简单。而且，所谓的"点翠失传"，也只是停止了使用翠羽为原料的制作，而其替代品，无论是染色鹅毛还是点绸，都一直在延续。所以，在技艺本身的传承功能上，点翠和翠鸟保护一点矛盾也没有。

很多人强调点翠的保护还在于翠羽的无可比拟性。那么是不是使用其他羽毛的效果就真的不如翠鸟的翠羽呢？虽然审美是一个比较主观的事情，但是一千多年来都没找到更好的鸟羽来代替翠鸟的羽毛，至少说明其羽毛之美的确高于一般水准。所以我一直觉得，追捧点翠之美是无可厚非的，和力求保护翠鸟本身也不矛盾。喜欢，但是不消费，明白界限即可。

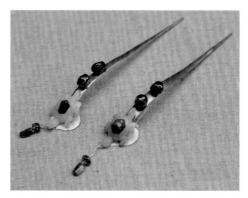

图3-33 金簪一对

变异的"步摇簪"：
我梳好了头，你却给我插这个？

有很多古风发饰我们都耳熟能详：簪、钗、凤冠，还有步摇。

很多人特别喜欢步摇，因为这个词尤其形象，一步一美人，一摇百媚生，堪称古风美人之典范。

然而现在很多仿制的步摇太令人惊诧了，有些不就是一根筷子上挂了一只耳环么？给我一双筷子一对耳环我能DIY出两只。没搞错吧，我头发都梳好了，就给我戴这个？

其实这类"山寨"步摇的问题就在于，它真的不能叫步摇，这是望文生义的典型。一根棍子挑一串珠子的首饰形制还真的有，不过并不常见，至少没有大家以为的那么常见。而且它也不叫步摇，正式名字叫作"流苏"，大多数所谓步摇的介绍里放的图却都

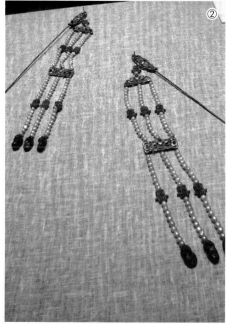

图 3-34　同一支银镀金点翠串珠流苏

图 3-35　黄条上写"银镀金吉庆流苏一对……
乾隆四十年收"

是它。而流苏的名字也是有来源的，因为清宫里的人喜欢在自己的东西上挂黄条（类似于档案标签），然后写上一些基本信息，流苏就是这些首饰的名字，这样的黄条比如"银镀金吉庆流苏一对……乾隆四十年收""银镀金吉庆流苏一对……道光七年收"等。而这种流苏也是清代中期以后才逐渐盛行起来的。

"流苏"这个词起初并非指首饰，而是车马、帐子上垂挂的装饰物。如《后汉书·舆服志》载："大行载车，其饰如金根车，加施组连璧交络四角，金龙首衔璧，垂五采，析羽流苏前后，云气画帷裳，肤文画曲辀，长悬车等。"《金楼子·箴戒》："齐武帝内殿则张帷杂色锦复帐，帐之四角为金凤凰衔九子铃，形如二三石瓮，垂流苏珥羽，其长拂地，施画屏风，白紫貂皮褥，杂宝枕，金衣机，名香之气充满其中。外宴既毕，则环而卧。"虽然与首饰的流苏在形态和用途上有很大不同，但"悬挂摇曳"的意思倒是一致的。

而明代首饰里也可以零星看到一些有悬挂物的，不过依然属于簪子，清代也有类似的。这些簪子上的悬挂物一般和簪子本身的主题相关，取的是一个整体的巧思，与后来以悬挂物为视觉中心的十分夸张的那种"山寨物"完全不在一个美学思路上。

此外，还有一种叫"挑牌""凤挑珠结"的大型饰物，不过它不是戴在头发上的，在明代它是凤冠上的一个部件。由出土文物可以看到，它的柄很长，且是直立使用的，如果直接放在脑袋上，大概可以戳穿天灵盖。

清人很喜欢用珠结作为头部装饰，比如钿子上就常见珠串，极尽琳琅装饰之能事，所以

图 3-38　前燕金花树状步摇饰

图 3-39　同为前燕金花树状步摇饰

图 3-37　北朝金鹿头、牛头冠饰

图 3-36　清代银镀金点翠穿珠流苏

图 3-40　清代点翠嵌珠宝五凤钿

图 3-41　明代梁庄王墓出土金凤簪

图 3-42　明代累丝双鸾衔寿果金簪

图 3-43　清代累丝凤鸟纹金簪

图 3-44　清代金嵌珠宝二龙戏珠钿口

也就难怪这种流苏会流行。不过在一般的首饰书籍里，还是会将它归类在"簪"的下面，所以并不需要特别强调流苏的特殊性。

聊完假步摇真流苏的事情，下面就聊一下真步摇吧。

沈满愿在《咏步摇花》中描述说："珠华萦翡翠，宝叶间金琼。剪荷不似制，为花如自生。低枝拂绣领，微步动瑶瑛。但令云鬓插，蛾眉本易成。"诗里把步摇写得如此绮丽，确实，步摇本尊真的是个大美人，而且步摇家族都是大美人，美到令人窒息。

步摇比流苏古老太多了，并且等级很高。在汉代，步摇就是皇后的盛装礼服中的一部分了。《后汉书·舆服志》载："皇后谒庙服，绀上皂下，蚕，青上缥下，皆深衣制，隐领袖缘以绦。假结，步摇，簪珥。步摇以黄金为山题，贯白珠为桂枝相缪，一爵九华，熊、虎、赤罴、天鹿、辟邪、南山丰大特六兽，《诗》所谓'副笄六珈'者。诸爵兽皆以翡翠为毛羽。金题，白珠珰绕，以翡翠为华云。"

图 3-45 挪威新娘传统服饰，头上戴的冠很可能是步摇遗风的一种体现

图 3-46 古希腊时代的叶形冠

看文字就觉得它上面堆了很多东西，一定超级华丽，又是黄金又是白珠，还有翡翠以及其他装饰。显然步摇不可能是一根杆子就可以搞定的了，并且古人提到步摇的时候用的量词是"具"，所以一般我们也会称它为"步摇冠"，它是一个复杂的整体。

不过很遗憾的是，我国至今未能出土步摇冠的整体实物，出土的只有一些零散部件。有些墓被认为有步摇冠，但是出土的时候已经散落压扁了，修复结果总是不尽如人意。但是日本、朝鲜半岛以及阿富汗等地区都有相关出土。步摇，这个名字听起来很有中国传统意味的东西，其实也不排除它是一个外来输入物的可能性，中国可能只是它传播路径里的一站。当然也有学者认为步摇起源于中国，然后向外传播到周边地区。它在东汉就成为等级如此之高的礼冠，很难想象在它身上究竟发生过什么。

国外出土的步摇冠实物，虽然一副富贵华丽的样子，其实大多依然是有残缺的，并非其本身的完整效果。但我们至少发现，步摇冠真的可以一步一摇，只是此"摇"非彼"摇"，而步摇的形象关键就在于山题（步摇的底座）和"桂枝相缪"。

正是由于步摇家族覆盖的地域辽阔，让我们得以看到一些至今还保留的步摇遗风，很多地区的类似发冠都可以验证以上关于步摇的描述。比如童话故事里的国王们为什么要戴那种山形的王冠，估计很少有人想过这个问题，而它的答案就是步摇冠那广泛的影响力。是不是感觉世界和时空一下子因为步摇而变得亲近了许多呢？这也是步摇的神秘及动人之处。

看了步摇家族这些绝色美人，谁还有心思管那些挂着穗子的筷子呢……

旗头：原来这么多年清宫剧都错了

清宫戏演了这么多年，没有人敢说一集清宫戏也没看过吧，尤其作为清宫戏最具辨识度的特征——"旗头"，更是大家非常熟悉的。一大堆古装剧摆在一起，你不一定能分辨出汉唐宋明，却一定能一眼认出清。然而偏偏这最具特征的东西却不一定是清朝的真货。

一般来说，旗人梳的头我们都可以简称为"旗头"，而这种发型一般被称为"两把头"，也有称"大拉翅""架子头"的。

两把头并非旗人的传统发型，旗人传统发型是辫发，男女都一样，女人们还会将头发盘在脑袋上。至于我们熟悉的两把头的雏形，则在咸丰时期的画像里大量出现。有人认为这种发型起源于钿子（旗人女子服饰中低于朝冠等级的一种礼服发饰），后来将其日常化并加以装饰而成。

图 3-47　慈安太后画像

图 3-48　孝庄太后画像（她的发型是辫发）

图 3-49　初期的两把头

图 3-50　民国时期王敏彤的旗头

因为现在很多清宫剧开始走考据路线，所以这种早期两把头的形象在清宫戏里也有部分演绎。可是，为什么要在额头正上方顶一朵花？两把头分明走的是不对称的路线，所用的花簪之类的也多是轻巧之物（清代的小物件都很出彩，就是有时凑在一起显得太多了）。真正的两把头，左右两边会戴大小不同的扒花和戳枝花等作为装饰，还会戴耳挖簪和点翠头面等，不会有正当中一朵大花、两边对称的笨重模样。

一般来说，许多发型早期都是用真发或者真发混杂假发梳成的。两把头也是如此，后来发展得越来越高大，所以后期的两把头几乎不可能全用真发了，便用假发仿制，以青缎制作（这种也是如今影视剧里最常见的），街上甚至出现了制作两把头的营生。任何事物的发展都需要时间，然而两把头的发展却因为时代的原因而过早凋谢了。

那么，我们在清宫戏里所熟知的正中间一朵超级大花的两把头造型，又是从何而来呢？

首先，这样高大的两把头必然是民国后的产物，早期的旗人一般是不会戴一朵如此引人注目的大花在路上走来走去的。即使是花，开始戴的那种还比较含蓄，后来才越来越夸张。比如有一张被网友称为"清朝最美格格"的照片，照片中的两把头就夸张了很多。

照片中的人名叫王敏彤，她出生的时候都已经是民国二年（1913年）了，所以拍照时距离清朝的灭亡已经有段时间了。

由照片可以看出来，她的两把头不仅更为硕大，花朵与下面的装饰也更为戏剧化了。王敏彤与孟小冬是闺中好友，当时戏曲装束也使用这样的两把头造型，所以很难说王敏彤穿的究竟还算不算生活中的旗装。

而很多清宫戏里的两把头造型恐怕是连民国那种两把头也追溯不到的，因为它们就是来自京剧。京剧一直有用旗装表现"异族番邦"的习惯，不论什么朝代的非汉族女性，一律穿旗装。由于两把头的生活造型到民国后期在现实生活中就几乎不复存在了，所以京剧造型也就一直停留在那时的样子。

除了以上所说的，关于两把头还有几个小问题。

首先是燕尾，也叫"雁尾"。燕尾是明末女子的流行发式，早期用真发和发油做出来。在清朝基本是汉女专属，也有旗女赶时髦偶尔为之。旗女的燕尾流行得较晚，要到清末民初的时候，那时汉女早已不梳燕尾了。如今燕尾成为清宫戏女子的标志之一，与历史上真正流行的时间相差了几乎四百年。

其次，旗人女子的发型不只有两把头，这种错误印象大多来自于清宫戏的广泛传播。实际上她们还有其他发型，比如等级高于两把头的钿子以及高把头等。

再次便是装饰。如果看老照片就会发现一个真实的情况——那些两把头上都没有穗子（就是那种大流苏）。清宫戏里几乎每人戴一个，也不怕穗子太多会打结……

图 3-51　后期的两把头

图 3-52　王敏彤和孟小冬（她俩的两把头和衣服还会换着穿）

图 3-53　右边的女子身穿八团吉服袍，头戴钿子，表现的是晚清旗人新娘的装束，着装等级明显高于左侧梳两把头的女子

此外，两把头也不是无时无刻都需要在上面放满装饰物的，有的时候根本不加装饰。

所以现在知道清宫戏对清朝旗人女子的发型表现得有多片面了吧，真实的历史永远都更有趣一些。

图 3-54　1910 年的旗人女子

图 3-55　1916 年北京街头的旗人女子

图 3-56　几乎没怎么装饰的两把头

图 3-57　后期的两把头，以假发仿制，用青缎制作

图 3-58　1917 年至 1919 年间的旗人女子

古人脖子上的另类热闹：
项饰趣闻

回想一下对古代美女的印象，会想到什么？漂亮的衣服，繁复的头饰，大概可以加上耳饰之类，而对脖子那里的印象却空空荡荡。

诚然，古人对项饰的确不大追求，但这并不意味着有关项饰的记录是一片空白。本节便聊一聊古人的项饰趣闻。

图 3-59　南宋女性服饰，领边的装饰极其娇美

古人的项饰

我们对古人的印象很大程度来自于各种古装剧，所以大概很多人对古人项链的印象就是《红楼梦》里那些缀着宝玉的项圈，模样就像现在小孩子满月、周岁时戴的长命锁一样。

在很长的一段历史时期里，中国女性对项饰的需求真的很少，尤其和令人眼花缭乱的头饰相比。这大概是因为中国的服装体系几乎会遮盖头部以下的所有部位，比起用项链装饰颈部，大家更喜欢直接装饰衣服的领子。无独有偶，和服、韩服也一样缺少项链。

但是在先秦以及民族大融合时期，项饰还是有一席之地的。这些项饰往往受到其他文化的启发，更显露出十分特别的韵味，如今看来也是无比动人。

清代便是一个极其追求装饰的时代，今天也仍有许多项饰的灵感来源于清代的饰品。比如陈妍希结婚的时候就戴了一个类似于清代后妃佩戴的领约，只可惜戴反了——当然，如果说这是一种现代演绎不算戴反的话也行。

图 3-60　领约

领约是一种非常类似于项圈的饰物，佩戴时开口和绦带应当朝后。在清代官方制定的服饰制度里，领约是最高等级的礼服"朝服"的配套饰物。不过早期也会拿它搭配一些便服，在内蒙古的元代窖藏里也有它的身影。

和其他一些项圈相比，领约更接近一个圆圈，开口很小，佩戴时要打开活动关节。从视觉效果来说，有一种"禁欲"的华丽之感。

图 3-61　开口的领约

而项圈的开口会大一点，通常会有一些吊坠作为视觉中心。影视剧《红楼梦》里出现的一个圈儿加一块坠子的饰物，大抵属于这类，只是远没有古代华丽的璎珞圈来得层次分明又精巧无比。这就是古人的审美，哪怕只是挂一把最

图 3-62　出自《玉粹轩通景画》，画中儿童戴的便是项圈，其中图②为特写

图 3-63　同样出自《玉粹轩通景画》，儿童所戴为项圈，其中图②为特写

平常的长命锁，也要挂出独特的美感；如今的长命锁已经失去那种古典美的韵味了。

除了项圈，还有一种项牌，呈现出新月一般的形状，是一种流传时间相对比较长的项饰。著名的《簪花仕女图》里就有一名女性戴着这样的项牌，沈从文等服饰史学者还争论过它究竟是哪个时代的产物，认为很有可能是后人的画蛇添足。项牌有两大类，一类如《簪花仕女图》这样近似一个圈的"新月"，一类是只有半个圈或小半个圈。

项牌的出土实物很少，不过真实的佩戴情况应当比《簪花仕女图》里华美许多。项牌本身就会錾刻一些花纹，其下沿还会缀以各色宝石珠串。相比前面的领约和项圈，项牌的组合就缤纷绚烂了许多。

当然，最具代表性的项饰还有项链。如隋代李静训墓便出土了一条项链。很少有人能不被这条项链扑面而来的潮流气息惊艳到，因为它是如此现代，仿佛应该陈列在某珠宝品牌的橱窗里，而非博物馆的展柜中。它和我们之前举出的那几例完全不同，因为从工艺到配料并不见很多中原特色，而是带着浓郁的波斯风格。

项链的主人名叫李静训，夭折时年仅9岁。李静训的家世非常显赫，她的外婆是杨丽华。杨丽华是谁呢？她是隋文帝的女儿，隋炀帝的姐姐，北周宣帝的妻子。可以说，她家里的男人最常干的职业就是当皇帝。而李静训的妈妈是杨丽华唯一的女儿，李静训自小就养在杨丽华的身边，备受宠爱。

唐代还出土过一串水晶项链。墓主人是一位姓米的唐辅君夫人，可惜没有更详细的记载。由于米姓在唐朝并不多见，考古人员从相关史料推测，墓主人的祖先很有可能来自于当时西域一个叫米国的地方，大概在现在的乌兹别克斯坦附近。

图 3-64　《簪花仕女图》中仕女戴着项牌

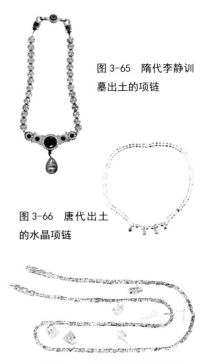

图 3-65　隋代李静训墓出土的项链

图 3-66　唐代出土的水晶项链

图 3-67　北朝的"大金链子"

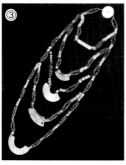

图 3-68　先秦时期的项链

此外，还有一条北朝的"大金链子"，长达 128 厘米，它是和一些步摇中马头鹿角、牛头鹿角的头饰一起出土的，应该是当时北方游牧民族的饰物。别看是一条大金链子，又是游牧民族的东西，可是人家一点也不粗犷。整体是绞索式编缀，中间是空腔，两端龙头可以"咬"在一起形成项链；"龙身"上还缀了一些迷你的斧、戟、铖、盾、梳，又精致又英气，很像是史书上记载的妇人所戴的"五兵佩"。这种两端有兽头的装饰，源头可能在波斯、希腊，但是龙头又很有中原特点，这就体现了一种文化融合的感觉。这条项链整体十分富有趣味，如今看来也是不落俗套。

前面介绍的项饰都比较华丽鲜艳，而在很久很久以前的先秦时期，项饰的样子却"好单纯不做作"。这一时期大约是中国另一个特别集中地喜欢项饰的年代，玉石得到大量使用。如果以为那时的玉石是如今饰品里看到的那样光华流丽，那就大错特错了。那时候的人对玉石的认知没有达到现在矿物学的这种高度，玉石成色也一般，甚至一条项链里的珠子也特别不整齐。然而就是这样，才造就了这些玉项饰的单纯。

这些珠串项饰讲究的不是材质的品种，而是追求不同材质、形状之间的色彩与外形搭配，展现出质朴的韵律感。所以别看它们工艺没有后世精巧，组件也没有"广播体操"队列那般整齐，个头也小，却一样可以令人感受到一种彰显身份地位的尊荣感。

饰品和服饰不同，材质注定了它们可以历经数千年而不朽，栩栩如生，宛若昨日才收到的快递包裹。如今我们的生活方式已经有了翻天覆地的变化，很多古人的东西都不再适用，饰品却是少有能够继续沿用的。当然，即便如此，如今的项饰较过去也已经大不相同了。

方心曲领：古人搞错了的复古潮流

李白诗云："今人不见古时月，今月曾经照古人。"

古代人曾经是当代人，而当代人将来也会成为古代人。歌德说得更直接："不管谁想得聪明或愚蠢，哪一桩不是前辈想过的事情。"

开场白之所以这么文绉绉的，是因为这里要说的是一个古人追求复古潮流，结果却弄错了的东西——"方心曲领"。这个名词对于很多人来说听起来有点难以理解，但是只要一看图大家就能明白。

这是一种白色的像项圈一样的项饰，乍看有一些莫名其妙，却极大影响了后世对于一些贵族服饰的设定。

要解释方心曲领究竟是什么，答案有些复杂，这里不妨先把结论写上来：方心曲领，是古人的复古潮流，可惜古人们却弄错了。

方心曲领在隋唐时期关于服制的记载里并不罕见，如成书于唐代的《隋书》里写道："百官朝服公服，皆执手板……朝服，冠、帻各一，绛纱单衣，白纱中单，皂领袖，皂襈，革带，曲领，方心，蔽膝，白笔，舄、袜，两绶，剑佩，簪导，钩䚢，为具服。"再如成书于宋代的《新唐书》载："二十四梁，附蝉十二首，施珠翠、金博山，黑介帻，组缨翠绥，玉、犀簪导，绛纱袍，朱里红罗裳，白纱中单，朱领、褾、襈、裾，白裙、襦，绛纱蔽膝，白罗方心曲领，白焗䘒，黑舄。"而在更早的记载里，我们也可以看到关于"曲领"的文字。《释名·释衣服》："曲领在内，以中襟领上，横壅颈，其状曲也。"

于是我们大概可以了解到，在隋唐时期被记入公服等礼制性服装的方心曲领的来源是颇有古

图 3-69　初唐，敦煌 220 窟

图 3-70　宋宣祖像　　图 3-71　吕夷简像

图 3-72　明十三陵　翁仲

图 3-73 开化寺壁画

意的，实际上很多礼制性服装常常会保留具有古意的元素。但是对于它具体的样子，却说得十分模糊。可是大概能肯定一点，直到隋唐时期，人们还没对方心曲领的认知产生极大的偏差。

到了北宋，事情却突然有了戏剧性的变化：当时的现代人（宋人）不知道古人（隋唐时期的人）笔下的方心曲领究竟是什么样子了。

我们常常习惯把一些相近的朝代并举，比如唐宋、明清，以至于很容易忽略它们之间的时间差。然而，对于北宋来说，唐代真的是古代，于是宋人为了在礼制性服装上加上这一笔"古意"，不得不按照自己的理解"复古"了一个方心曲领。

那么隋唐时期的方心曲领应该是什么样子呢？通过比较一些反映当时且符合文献记载的人物装束画像，方心曲领非常可能是一个从内向外翻出去的圆领。

而北宋复原的这个如项饰一般的方心曲领又成为新的"古意"，明代的冠服典章里还在沿用，直到嘉靖时期才发现它并非古制而又去掉了。

《明史》中载："凡亲祀郊庙、社稷，文武官分献陪祀，则服祭服。洪武二十六年定，一品至九品，青罗衣，白纱中单，俱皂领缘。赤罗裳，皂缘。赤罗蔽膝。方心曲领。其冠带、佩绶等差，并同朝服。又定品官家用祭服。三品以上，去方心曲领。四品以下，并去珮绶。嘉靖八年，更定百官祭服。"

嘉靖皇帝大概也是一个服制"考据狂"，他在位期间更定、创制了不少冠服方案，可惜现在很多都看不到了。就在嘉靖去掉方心曲领以后，李氏朝鲜却一直保留着，并且扩大了它的适用范围。明亡以后，李朝自己发展服制，将方心曲领搞得更加怪模怪样。由于它是目前很多人能看到的方心曲领的现存形象，导致国内一些剧组、商家制作方心曲领的样子并不靠近宋明，而是更像李朝。

这个完全错误的复古产物，由于有圆有方，网络上甚至有人附会了"天圆地方"的内容，将其上升到哲学高度。

此外，方心曲领虽然正面看起来是一个圆圈套着一个方形，但它并不是套头佩戴的，而是在脖子后采用系带的方式。后来又发展成用扣子，系带变成了花结。很多人不明就里，直接从头上套着戴上，那就太闹笑话了。这一点可以参考《礼记集说》："今朝服有方心曲领，以白罗为之，方二寸许，缀于圆领之上，以系于颈后结之也。"

所以不要觉得只有现代人会搞复古，古人也一样，并且"望文生义"这种常见的错误也犯过不少。

清代的项饰奇闻：把佛珠改成礼服配饰

礼服配佛珠大约是清朝服制里最怪也最特别的地方了，因为之前从没朝代规定把一串佛珠挂在脖子上。

我们可以看一下清朝皇后大约会挂多少东西在脖子上——在道光皇帝孝全成皇后的画像中，她竟然带了三串朝珠，整个人看起来跟五花大绑一样。而清朝皇帝，我们就更熟悉了，在清宫戏里整天穿着"黄袍"挂着朝珠走来走去……

在很多人眼里，朝珠很像佛珠。没错，朝珠的源头就是佛珠。事实上在朝珠还没正式进入服制系统的时候，清代皇室就已经在使用了，而朝珠大概在顺治后期到康熙时期才开始成为正式的礼服配饰。

值得一提的是，清代服制不是在清朝建立的时候确定的，我们一般采用的是乾隆时期的定制。而在这之前，要么皇帝是将朝珠拿在手里，要么皇帝身上就没有挂朝珠。

拿在手里的这些珠子应该和寻常佛珠的用途一样，而最后成为正式服制装饰物的朝珠的固定形制也与此雷同。主要是有三串纪念（朝珠两旁附的串有小珠的珠串），左二右一（左右相对于佩戴者而言），还有一串背云在背后，平常我们在画像里是看不到的。

乾隆朝服画像中绿色的小串串就是纪念，它们在容像中是可以看到的。纪念原本就是佛珠里用来计数的，数量不定，现在在一些佛珠上还能看到它。而背云在背面，可以参考下和尚的佩戴方式。不知道是不是因为人们对项坠的执念比较深，现在比较容易将背云当作坠子挂在前面，其实这是错误的。很多古代饰物都曾被现代人错戴。

清代朝珠的使用范围也比较大，基本上等级高一些的官员和一些特定官职（都是些皇帝身边的职位）都可以佩戴，后妃、官员夫人、命妇等女性也可以戴。一般挂一串，皇后穿朝服的时候挂三串，其他时候也是一串。朝珠搭配礼服系统佩戴，即朝服、吉服、常服都可以，前两者比较常见。一般认为朝珠有取代佩玉的意思。

图 3-74　道光皇帝孝全成皇后

图 3-75　《万树园赐宴图》局部

　　朝珠的级别是通过材质和绦的颜色区分的，最珍贵的是东珠，只有皇帝、皇后、皇太后才可以佩戴，使用明黄色的绦。不过皇帝在不同场合也会佩戴不同材质的朝珠，比如祭日时用红珊瑚朝珠。皇太后、皇后和皇贵妃在穿着朝服时，三串朝珠里也有两串是红珊瑚的，就是相互交叉的那两串。再如皇帝祭月用绿松石、祭天用青金石、祭地用琥珀或蜜蜡，搭配朝服的颜色也会相应变化，取其与自然色彩相同的意思。这真是玩得一手好"调色盘"啊。

　　不同等级的皇亲国戚也有不同规定，官员就更下一级了，"凡朝珠，王以下，文职五品、武职四品以上及翰林科道官，公主、福晋以下，五品官命妇以上均得用以杂宝及诸香为之"。所以我们在影视剧里常见的那些官员们能不能戴朝珠，需要考虑他们品级够不够，用的材质有没有僭越，以及场合对不对。因为官员就算达到了戴朝珠的级别，也不需要时时刻刻佩戴，它毕竟是礼仪性的配饰。

　　朝珠是要官员自己买的。其实古代官员的很多行头都要自己出钱置办，而朝珠本身是为官达到一定等级的象征，所以到了可以佩戴的等级之后，官员就会去买。京城里也有专门卖朝珠的店，但是朝珠价格实在过于昂贵，用珠宝做的往往价值千金，很多官员根本负担不起，毕竟主珠就要 108 颗，还有纪念、佛头、背云之类，所以能凑的就凑，不能凑就用一些比较差的宝石或者料器（就是玻璃）、磁珠替代，也有用木头凑合的，在佛头、背云的地方用好一点的宝石打发过去就算了。

　　清宫戏里皇帝动不动就赐黄马褂，其实现实中皇帝还会赏赐朝珠。皇帝赐的朝珠是内务府做的，材质也特别讲究，比黄马褂实用多了，价值也大。

　　虽然大家同朝为官，但是看看胸前的珠子就能知道彼此的位次高低。这感觉就像背着名牌包出门一样，有钱的人每次换一个，普通的咬牙买个好的，没钱的就只能用环保袋了。

花扣：绽放在旗袍之上的传统符号

说起旗袍或中式服装，很多人都接触过其中一项元素，那就是"花扣"。如今我们在很多中式相关的设计上都可以寻觅到花扣的踪影。

花扣也好，一字扣也好，基本方式多是以各种布条盘绕、打结而成。由于布条的延展性多以 45°裁剪斜丝布，又因时代流行和各种花扣的特性而使用上浆、嵌棉线、嵌铜丝等工艺。

盘香扣出现得很早，在一些晚清的服饰上也十分常见。所谓"盘香扣"是花扣中最简单，也是各类变化中最基础的，从名字就可以知道它像一个蚊香，使用细布条以螺旋形盘绕而成。

盘香扣可以单独使用，也可以两个一起使用，如两个大小相同的并列排布，又如一大一小排成葫芦状。也可多个组合，如排列成葡萄状。

除此以外，盘香扣本身的布条也可以使用拼色或花布，多取用旗袍本身的色彩搭配设计。

图 3-76 各种各样的花扣，为旗袍增色不少

图 3-77　多个组成如葡萄状的花扣

图 3-78　捏出三个小尖尖的花扣

图 3-79　多个组合的花扣

图 3-80　多个组合的叶片形状的花扣

作为变化的基础型，盘香扣的重点在于盘绕得均匀紧实又精巧。目前常见对民国花扣的仿制品，除了工艺本身可能有问题，大多数显得突兀是因为尺寸都偏大了。

盘香扣在最外圈盘绕时稍做变化，捏出三个小尖尖，就仿佛一个带叶的寿桃了，立马显得非常可爱。虽然小尖尖的捏法略有不同，但是花扣整体数量不少，排列出来却并不占地方，比旗袍的绲还要小，可想而知这种低调的巧思是如何费工的。通过类似方法，旗袍设计者们变化出简单的花卉样式，不少花卉还是搭配旗袍本身的面料图案进行设计的。

而将盘绕的基础从圆形变成有尖角的椭圆，就是叶片形状的花扣了。若是在盘香扣的外圈盘绕成方形，捏成四个尖角，搭配民国时期时髦的抽象几何图案面料，也是相得益彰。可以说只要巧思足够，盘香扣的变形层出不穷，又因其本身简单精巧，可谓古董旗袍上最值得细细品味的一种花扣。

我们更为熟悉的是另一种嵌丝硬花扣，在清末老照片里也已经可以看到踪影了。这种花扣一般是使用上浆过的布夹铜丝做成扁扁的布条，其优点就是利于做各种造型，并且立体感突出。因为嵌丝硬花扣的这种特点，所以可以做出各种基于线条的造型，从小型的花卉到大型的组合都可以做到，装饰性十分突出。

就像盘香扣的变化一样，嵌丝硬花扣也有配合旗袍本身的多种设计。由于其花型一般都比较复杂，所以除了常见的轴对称造型之外，还有中心对称的，让花扣的设计更加自由而灵动。

如果将嵌丝硬花扣视作画作的勾边，那么填芯扣就是填色。所以，填芯扣一般是在嵌丝硬花扣图案的封闭轮廓里使用面料填充棉花而成，常用不同于花扣颜色的面料装饰。因此，嵌丝硬花扣也叫空芯扣，而填芯扣也叫嵌芯扣。

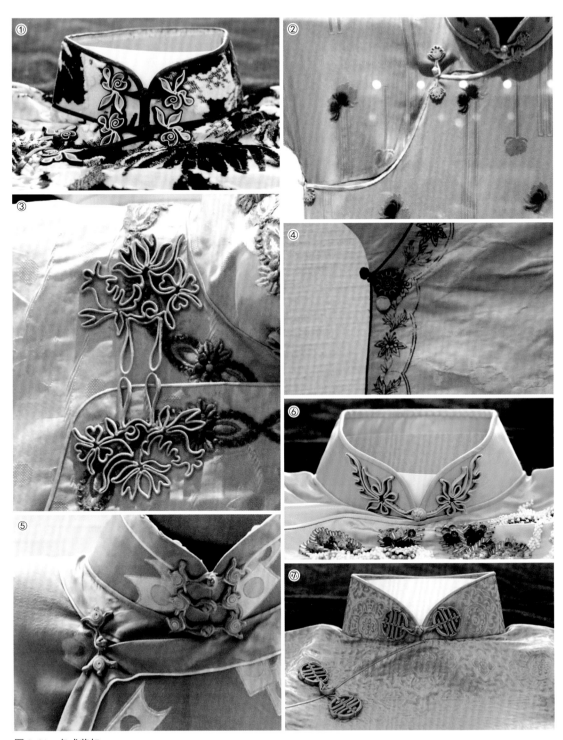

图 3-81　各式花扣

图 3-82　方形花扣

填芯扣的玩法除了使用异色、多色，还可以在一些轮廓里填色而另一些里不填，营造出虚虚实实的效果，在小小的花扣里创造视觉重心。

以上可以视作点（盘香扣）、线（嵌丝硬花扣）、面（填芯扣）的基本工艺手段，可见花扣基本可以做到大多数简笔图形。

花扣之中还有一种更为丰富的搭配，就是"三花扣"，常见于双襟服装上。三花扣可以是任何样式的花扣，如使用嵌丝硬花扣，再配合双襟两侧的花扣，视觉上极为繁复美丽。但是并非所有双襟服装都有三花扣，因设计需要，也有普通对扣或无扣的设计。

还有一种文字扣，直接将吉祥文字以图形化的样式做成花扣。

从衣服的搭配来说，越是大型的装饰性强的花扣（如嵌丝硬花扣、填芯扣），越会突出在领子、大襟的部位，而衣身则选择实用性、耐用性更好的一字扣或盘香扣。有的则是一种繁简搭配，即领子和大襟使用"完整版"，而衣身使用"简化版"。一些旗袍的花扣已经是以装饰性为主了，衣身无扣也是有的。但是也有通体使用花扣的案例，而且也不总是以某种对称形式存在，不对称的花扣也不少见。不对称的花扣可以做成更多造型，在当代旗袍里很常见，有的花型之大几乎充当了衣身的设计。

尽管花扣是中式服装上不可或缺的元素，却并非是必需的，一字扣、暗扣等的存在不可忽视。并且，花扣虽然十分费工，但也不是越高级的中式服装就越需要，比如如果你的扣子是珍贵的玉石做的，就足以秒杀人工的成本了。

事实上，旗袍也好，其他的中式服装也好，花扣与面料、服装设计之间的搭配更重要。

图 3-83　抗日游行中的纽约华人

"鹦鹉兄弟"的网红妆：
这个腮红有点萌

许多卡通形象和吉祥物里，都会着重突出圆形腮红，给人以可爱的感觉。

在现实中我们也会看到像这样红红的圆点腮红，最常见的就是韩国新娘了，想必看过韩剧的人都印象深刻吧。韩国人称这个为"朱砂点儿"（意译）"胭脂"（直译），根据他们自己的解释，这个点有以下几种说法：一是红色可以辟邪，二是它象征着少女，三是这个妆起源于中国（这里面就有各种各样奇怪的故事了，不过这里不做具体介绍了）。

这种圆形腮红在中国历史上也有类似的，比如唐朝壁画上出现的一些形象就打着这样的腮红。后来腮红面积扩大，再后来流行一种装饰在嘴角两侧、大概在酒窝位置的装饰（腮红是另外的，两者并没有排他性），叫作"靥"。比如阿斯塔那出

图 3-84 唐代女俑的妆容

图 3-85　敦煌壁画中的古代女子妆容

图 3-86　阿斯塔那出
土的彩绘舞女俑

图 3-87　阿斯塔纳壁画

图 3-88　唐代金乡县主墓出土女俑

图 3-89　同为阿斯塔
那出土的彩绘舞女俑

土的彩绘木胎舞女俑，额头上有花钿，面颊上画着大面积的腮红，眼角还有如同疤痕般红色新月状的斜红，而嘴角则是用黑色点了两个圆点，这便是"靥"。

　　这种妆在唐代很流行。有不少诗人都写过关于当时妆容的诗，比如元稹《恨妆成》："晓日穿隙明，开帷理妆点。傅粉贵重重，施朱怜冉冉。柔鬟背额垂，丛鬓随钗敛。凝翠晕蛾眉，轻红拂花脸。满头行小梳，当面施圆靥。最恨落花时，妆成独披掩。"再如元稹的好朋友白居易也写过一首《时世妆》："时世妆，时世妆，出自城中传四方。时世流行无远近，腮不施朱面无粉。乌膏注唇唇似泥，双眉画作八字低。妍媸黑白失本态，妆成尽似含悲啼。圆鬟无鬓堆髻样，斜红不晕赭面状。昔闻被发伊川中，辛有见之知有戎。元和妆梳君记取，髻堆面赭非华风。"

图 3-90 李思摩墓壁画

图 3-91 眼角边的是斜红

图 3-92 新城公主墓壁画

图 3-93 嘴角边的是面靥

　　不过唐代前中期的面靥还是比较简单的圆点，后来就发展出其他图形，位置也有所上移，令妆面更为复杂。直到五代、宋代时期，已经和花钿融在一起变成满脸的装饰了。贴在脸上的除了花钿，还可以是珍珠，这种遗风直到明代还可以看到。不过这种装饰丰富的妆面，只有盛装的时候才会用到。从敦煌壁画看，平时大家也就是画个腮红，最多加个花钿。

图 3-94　从图①、图②中可以看到女子脸上的装饰

图 3-95　敦煌壁画

图 3-96　1900 年喀尔喀蒙古女性

　　但是朝鲜半岛那种红圆的妆大概追溯不到如此久远，反倒更像蒙古女子的妆容。只不过没有特别确凿的证据，所以就不妄下结论了，只能说它们之间可能有某种联系。

　　在如今越来越讲究"裸妆"的年代，人们对于这些现在看起来有些夸张的妆容难免会觉得惊奇。尤其那些把花钿、珍珠往脸上贴的方法，大概也只有设想自己穿越到当时当地才能领略到那是怎样一种风情吧。

解读诗词里的丝绸

大家都知道，中国在英语里称为"China"，这个词的本义是"瓷器"。然而早在公元前 5 世纪，中国丝绸就远播海外，因而那时中国被称为"Seres"，意思是"丝国"。中国丝织品的历史几乎与中国的文明史一样长，不仅有绚烂迷人的文艺气质，更有严谨科研的理工色彩。就让我们从那些因丝绸而创造的诗文开始，了解中国的丝绸文化。

轻纨叠绮烂生光

丝织品本身的名字是中性的，然而一旦它们流行以后，组词便带有了人性的色彩、褒贬的内涵，比如"纨绔"。

图 4-1　团窠联珠对鸟纹锦

图 4-2 敦煌黄色龟背小花纹绮（大英博物馆藏）

图 4-3 有着字样为"延年益寿大宜子孙"的锦
（局部）

图 4-4 明万历 红织金孔雀羽四团龙妆花罗袍料

"纨绔子弟"的"纨"，是一种平纹而较为细密的轻软丝织品。古人对丝织品的定义与我们现在不太一样，古人相对感性，而我们如今用显微镜与面料分析，会更加理性，所以大多平纹类丝织品在考古报告里往往就被写作了"绢"。《汉书》曾说"齐俗弥侈"，织作一种叫"冰纨"的丝织物，色白如冰，平滑如纸，几乎看不出织纹来，对于缫纺来说技术难度很大，所以被奉为奢侈品。

而"纨绔子弟"的"绔"，即古时候的裤子。所以可以穿着"纨绔"的人非富即贵，这样的人自然生活无忧，所以杜甫才说"纨绔不饿死"。

如果说纨还是素织的平纹织物，那么平纹上经线浮花的提花织物就是"绮"。早在《战国策》里绮就代指丝织品了，后来绮、罗并称便成为高档丝织品的代名词。柳永曾如此形容钱塘（今杭州）的富庶："户盈罗绮竞豪奢。"

若按照古人提到"绮"的频率来说，绮最流行的年代大约就是战国到汉初这段时间了。到了魏晋以后，绮在生活中便极少出现，与它类似的织物称谓逐渐被"绫"所取代。而绮便成为某种意象存在于诗文当中，被我们所熟悉。与"纨绔子弟"的"纨绔"不同，"绮"代表着流光溢彩的华丽之物，精妙绝伦的美颜之色。

织成蜀锦千般巧，不出当时一只梭

"锦"字以"金"为声，以"帛"为意，从一开始就注定了它是丝织品中贵如黄金的一员。

但凡不以"纟"为部首的丝织品名词，都十分古老，如"罗""縠""纂"等，还有"锦"。仅从简单的释义来说，锦是彩色提花织物，狭义上指的是先染后织的熟织物，工艺复杂而外观绚丽。西周时就有关于锦的文献记载了，《诗经》里有"君子至止，锦衣狐裘""萋兮斐兮，成是贝锦"等诗句，已然是极尽华贵的辞藻了。

图 4-5　明代绿地织金缠枝花缎衫

图 4-6　缠枝花宋锦衬绒女袄

两汉至魏晋时期，织锦发展空前繁荣，所以我们现在一提到锦，都会不由得说起"汉锦"。从两色、三色到五色云锦，汉魏时期风行的云气和动物纹还往往配以文字。这个以蓝、红、黄、绿、白为基本色调的丝织物世界，为我们呈现出近两千年前的时代所具有的瑰丽而神秘的独特气质。

蜀地织锦之名大约在三国时期扶摇直上，曾引得"洛阳纸贵"的《三都赋》里的《蜀都赋》是这样盛赞蜀锦的规模与品质的："百室离房，机杼相和。贝锦斐成，濯色江波。黄润比简，籝金所过。"自那时起，蜀锦一直保持着自己的荣耀，它是四大名锦中最源远流长的一个，伴随着中国丝绸文明一路走到今天。

还有容易搞错的宋锦与宋式锦，这一点后面会细说。

再就是织锦与织锦缎。使用现代的机器仿制传统织物在民国十分流行，比如现

图 4-7　浅棕色花卉纹织锦缎长马甲及米色花卉万字纹花绸袄

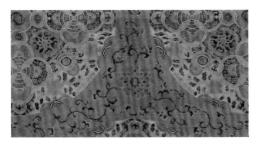

图 4-8　清乾隆 杏黄地曲水连环花卉纹宋式锦

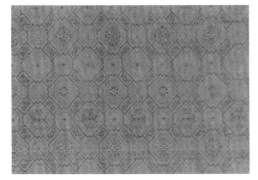

图 4-9　清乾隆 湖色地方格朵花纹宋式锦

图 4-10　红太极灵芝纹织金孔雀羽四团龙妆花罗袍料复制件局部

在我们所说的织锦缎，虽然织物本质与传统意义上的锦缎已有所不同了，然而它依然代表了近代中国提花织物的最高水平。采用不同颜色的纬线，并且可以按花型位置分段换色，令织物表面色彩更为丰富。而古香缎则是这种织锦缎的衍生品，精细程度相较略有降低。

谁剪吴江一幅绡，巧裁宫样缕金袍

丝织物中加金，其实颇有几分异域色彩，给了织物以动物蛋白的丝所不能比拟的永不磨灭的光芒。

虽然关于加金织物的最早文字记载可以追溯到隋代仿制的"波斯锦"，唐代也有出土，然而这样的织物事实上十分稀少。辽宋时期织入金线的工艺开始变得多样，然而宋人最喜欢的还是使用金为颜料，采用泥金、印金的方式去绘制或强调花纹。织金真正风靡天下的时期是元代，它在那时甚至成为极重要的丝绸品种。此后，织金成为明清贵族织物的重要标志。

明代承袭了辽、金、元三代以来的织物加金的传统与技艺，比如织金线、织银线、织孔雀羽等，丝线以外的材质令丝织物绽放出前所未有的色彩与光芒。由于这些线材十分珍贵，所以妆花工艺在明代便十分盛行。与我们所理解的通梭织物不同，显花部分的纬线并不经历与布幅一样宽的路程，短梭回纬不仅节约线材，也令织物的图案设计更为自由，色彩运用也更灵活。

绫罗绸缎的故事

"一掷梭心一缕丝，连连织就九张机。从来巧思知多少，苦恨春风久不归。"

我们惯用"绫罗绸缎"来形容那些光鲜奢华的丝织品，然而对于这四个字的具体释义却不甚明了。

本节就为大家详细解读一下这四种丝织品。

绫：文章奇绝花簇雪

绫虽排在"绫罗绸缎"的第一个，却是我们生活中听得比较少的一种织物名称。印象里它好像就是拿来装裱书画的，十分软滑，做衣服似乎牢度不佳。

历史上的绫身世有一点复杂，或许用它来解释很多历史上"异时异名"的东西再好不过了。现在如果去检索"绫"的定义，检索结果会告诉你那是一种斜纹组织的织物。包括许多讲解"绫罗绸缎"的人、解释"绫为何物"的科普文，也往往会这么解释。斜纹的意思并不是说经纬走向是斜的，而是经纬交织的点正好错开，呈现斜线一样的走向。然而历史上其实是有平纹提花的绫的，比如我国新疆阿斯塔那就出土过一件黄地联珠龙纹绫。

图 4-11　画中女子的衣料轻而薄透

图 4-12 三原组织：①平纹，②斜纹，③缎纹

图 4-13 敦煌藏经洞 白色绫地彩绣缠枝花鸟纹绣局部

绫令人眼花缭乱之处在于，三原组织（织物根据经纬的组织形式，常见的可以分成平纹、斜纹、缎纹三种，被统称为"三原组织"）在历史的不同阶段都曾包含在这个名字里。看起来似乎很难理解，其实这是一种过渡演化的过程。丝织物的品种不可能一出现就有很多变化多端的模样，而是逐渐变化、定型的。

一般认为绫是在绮的基础上发展而来的。魏晋时期，"绮"从名称上就渐渐没落了，到唐宋时期，几乎全面被"绫"替代了。

什么是绮？绮是一种平纹上浮纹显花的单层丝织物，简单说就是平纹如果故意漏掉几针不交织，经线或者纬线就会浮在织物上，通过这种差异来显出花纹来。所以说，早期的绫其实就是曾经的绮，所以那时的绫也就和绮一样，是一种平纹显花的单层织物。这样的唐代平纹暗花绫当然是有实物证据的，就是前面所说的阿斯塔那出土的黄地联珠龙纹绫，其背面有"景云二年双流县折调细绫一匹"题记。日本正仓院也有一件文物，题记是"近江国调小宝花绫一匹"。这两块都是平纹地显斜纹花的织物，日本人称为"平地绫"。

从唐代起，绫开始进入了一个全盛时期，这个"盛世"一直维持到缎的出现（缎作为单层组织直到元代才出现）。唐绫有多盛行呢？当时的绫不仅有各种织造方式和眼花缭乱的纹样，而且只要能生产丝织品的地方都在出产绫，然后上贡。光绫的命名方式就可以分成以产地命名、以纹样命名、以工艺命名等多种，而且当时的绫

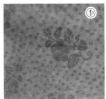

图 4-14　缎花绫

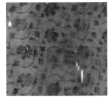

图 4-15　宋代缠枝
牡丹纹罗织物

图 4-16　辽代罗地
刺绣特写

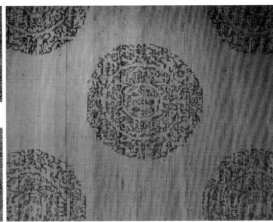

图 4-17　妆花纱通过多种彩纬以挖梭技术提花织造，纹样
精美，穿着华丽美观，深受帝王后妃们的喜爱（图片见于
故宫博物院）

已经通过丝绸之路向更远的地方传播了。唐代甚至对官员所用绫纹衣做了规定，三品以上服紫色紬绫，五品以上服朱色紬绫，六品以上服黄色绫，七品以上服绿色龟甲文绫，九品以上服青色绫。可见当时绫的高贵。

　　由于绫在唐代的盛行，可以想见，唐代可能对于这类具有相似外观的单层暗花丝织物都统称为"绫"。而斜纹上显花的绫，也就是后世认为的真正的唐代新品种的绫，则可以视作斜纹组织的流行和广泛应用，并且逐渐影响了后世。

　　一直到宋元时期，绫织物依然非常常见，但是已转变为以斜纹地为主。由于缎纹组织当时也已出现并开始应用，所以也就有了斜纹地缎纹显花的绫，称为"缎花绫"。

　　缎纹组织的流行，是绫在丝织物中地位下滑的主要原因。由于缎大多结构致密、质地厚实，所以有部分虽然也采用缎纹组织，但是相对密度较疏、轻薄柔软的织物被称为"缎纹绫"。比如北京故宫保存下来的明清绫织物中就有相当一部分是缎纹组织，而清前期浙北嘉湖一带生产的绫绢也有不少采用五枚缎纹组织，但织物松软轻薄，与当时流行的元缎、杭缎等品种截然不同。

　　至于我们现在为什么很少看到绫，那是因为绫在近现代的纺织中未曾获得发展的契机。一则近现代工业冲击了传统纺织业，人造丝等廉价原料取代了蚕丝，二则工业化颠覆了原有的纺织品种结构，三则绫本身在当时就已经不太盛行了。就像绫诞生在绮的基础上，后来的绸也大量取代、同化了绫，当时甚至有"绸即绫也"的说明，历史简直惊人地相似。

图 4-18　绞经纱实物特写　　图 4-19　绞经组织示意图

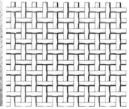

图 4-20　平纹纱布的特写　　图 4-21　平纹组织示意图

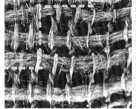
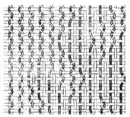

图 4-22　暗花纱组织特写　　图 4-23　暗花纱组织示意图

图 4-24　清光绪　暗花纱实物"亮地纱"

罗：夏日炎炎话纱罗

有许多我们从小学就开始背诵的诗句里提到了罗这种织物，比如"遍身罗绮者，不是养蚕人"，又如"轻解罗裳，独上兰舟"。由于"罗"字简化后失去了原本的部首"纟"，所以它本身的丝物属性常常被人忽略。

而"罗"字奇怪的地方除了简化后没有"纟"部，还在于现在我们周围几乎没有罗存在的痕迹，甚至很难举出与它相类似的织物来。如果说除了针织以外，我们对于梭织的理解就是经线互相平行然后和纬线交织的话，那么罗就是那个异类，因为它是很多人听都没听过的"绞经"织物。简单来说，每两根或以上的经线为一组，相绞，再与纬线交织，这就是罗。

罗很古老，河南荥阳的新石器时代遗址里就发现了公元前 3500 年左右的绞经织物。后来无论是先秦还是西汉，南宋还是明代，甚至清宫旧藏里都有罗的存在。绞经令它拥有稳定而细密的空隙，所以古人才说"薄罗衫子透肌肤"。

罗和其他织物的区别可以说是天差地别。别的织物再怎么变化，经纬走向都是规规矩矩的，经线（竖的那根）绝对是直线，哪怕是斜纹的经线也并不是斜的。但是罗不一样，它属于一种别扭而特殊的织物。正如前面所说，罗是绞经，纬线（横的那根）虽然还是平行的，经线却是扭转的，像"抽风"一样在拼命扭麻花。这种组织结构，现在去商场翻遍所有服装品牌也几乎看不到，所以大家会觉得很猎奇。这类绞经织物，我们统称为"纱罗组织"。

说到纱，很多人都会想到，不就是医院里常用的那种纱布吗？古人说"方孔曰纱，椒孔曰罗"，其实稀疏有孔的都可以叫作纱。纱布其实是一种简单的平纹组织的纱，而后期的纱则常用绞经来做。

应该说，绞经纱更像是将原本一根经线的位置使用两根相捻的经线代替，这样的好处就是尽管织出来的布还是有空隙的，但是绞经增加了摩擦力，使织物更为稳定。

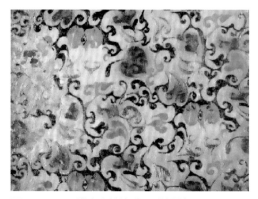

图4-25　马王堆出土绮地乘云绣绮局部

或许你会问，我们不可能拿着显微镜去看面料的经纬组织，平常要怎么区分这两种纱呢？其实很简单，早期的纱一般都是平纹纱，绞经纱常见于明清，因此大致上可以根据年代来判断。

所以，两条经线为一个单位相绞，而且每个绞经单位是独立的才叫纱，一旦打破这种规律的就变成了罗。可以这么说，罗是纱的"升级版本"。

有一种两排绞经之间穿插平纹的罗叫"横罗"，是唯一一种技艺保存下来的罗，2009年9月30日经联合国教科文组织批准列入世界非物质文化遗产名录。

如果一块料子上一部分织绞经纱，一部分织假纱（即平纹纱），结果就会出现花纹。因为一样的经纬下，假纱看起来会更密一点。这种有花纹的纱叫"暗花纱"，大约出现在宋代。就如同在白纸上用黑笔画画，或者在黑纸上用白颜料画画一样，起花部分不同，叫法也不同，绞经为地、平纹起花，就叫"亮地纱"，反之则称为"实地纱"。

相较于上面的绞经纱和横罗，罗的组织形态明显更为复杂，简直像是在梭织上做针织，每一根经线都彼此关联，牵一发而动全身，孔隙也更为稳定，所以罗才会呈现出轻软透气的特性。这种绞经之间彼此牵扯勾连、暧昧不清的罗，有专门的名称——链式罗。因为无法分出独立的绞组，所以也叫"无绞组罗织物"，相反的则为"有绞组罗织物"。

一般来说，罗也好纱也罢，绞经都是成双的，但是古人在纺织组织上的创意无穷，所以出现了一种"三经绞罗"。这种织物依靠的就是多出来的那条经线，成单数后不仅可以做前面提到的平纹，还能做一些斜纹，这样便使织物拥有了更为奇特多样的变化。

正是由于纱罗织物常有孔隙，十分轻软透气，所以是古人夏季着装的首选面料。

图 4-26 清康熙 蓝色宁绸夹紧身（面用三枚左斜纹宁绸，衬里为浅蓝色平纹绸）

图 4-27 明黄色绸绣绣球花绵马褂平纹暗花的织物非常通俗，明清时期也存在，清代一般就被称为"春绸"

图 4-28 明万历木红地桃寿纹潞绸（三枚斜纹绸）

图 4-29 新疆营盘墓地 方纹绮

绸：最熟悉也最陌生

"绸"这个字古时候写作"紬"，"紬，大丝缯也"。这个"缯"就是帛，帛是早期对普通丝织物的总称，所以中国丝绸博物馆的徽标也是一个"帛"字。后来"今缯帛通呼为紬，不必大丝也"，这时的"紬"后来就成了普通丝织品的通称。

可以说，绸一直享受着统称丝织品的待遇，所以今天的我们才用"丝绸"去称呼丝织品。

明清时期出现了许多代表特定丝织品的绸，尤其在明代有很多冠以地名的品种，如宁绸，质地紧密，花地分明；又如潞绸，质地细腻，花纹清秀。此外还有清代的春绸，细软轻薄，常用于向皇家上贡。而茧绸则是用野蚕茧织成，粗犷而遍布疙瘩。虽都有"绸"名，实际织物却大相径庭，难以一一举例。

湖北荆州马山一号楚墓出土了一竹笥丝绸碎片，而在墓中的木简上记有"缯一笥值千金"，可见这是一种财富的象征。那么缯就是帛，一般就是指平纹素织。然而任何一个名词的使用都是有流行时间的，所以汉代"缯""帛"并用，后来这类织物就成了我们耳熟能详的"绢"。平纹素织在实际生活中的运用并不多，更常见的是一些在平纹上起暗花的织物，这类织物早期就称为"绮"。

时间变化不仅令同一个名词产生词义的变化，还会使相同的词义用另外的名词去概括。一如前面所讲，到了后期，绮就被绫取代了。唐宋时期，大家都把这类平纹暗花的织物称为"绫"而不是"绮"了。因为中国历史漫长，所以才会出现这样有趣的现象。类似的物品其本身在发展变化，名词也一样。对于这种异时异名的现象，我们要么采用现代的命名方法，要么就采用当时当地的称呼。

尽管"绫罗绸缎"都有自己的织物属性，但好像只有"绸"渐渐成为丝织物的统称。现在一般把平纹、斜纹或各种变化组织质地相对紧密、相对厚实的丝织物统称为"绸"。由于我国一直习惯用长丝纺织，所以就成了"丝绸"。但是现在丝织物不那么常见了，棉质、化纤的仿绸也有。

缎：横空出世，贵气自持

"缎"是最年轻的，年轻到许多古装剧里根本不应该出现它。然而它确实是后起之秀，所以我们看到缎在明清时期被大量使用，甚至成为高级丝织品的代名词。

缎的特点是浮线很长，所以它看起来是如此光洁而厚实。可以说素织的缎已经足以贵气逼人了，更何况明清时期织造工艺十分成熟，所以可以织金、织银、织孔雀羽、彩织妆花，就这样，缎拥有了"前辈"们所没有的缤纷多姿。即使如今织物多种多样，缎在"丝滑世界"里仍名列前茅。缎如此天生丽质，也难怪大家都喜欢它了。

如果大家还记得三大基础组织的话，在平纹、斜纹、缎纹当中，缎纹是出现得最晚的，却也是独独能以此命名的一种。广义来说，单层缎纹组织都可以叫缎，狭义来说，我们更偏爱丝织物的缎，因为它紧密而光洁，柔顺而贵气自持。

缎纹先于缎出现，最早是在唐代，但是我们现在真正熟悉的缎织物目前可以发现的却没有早于宋代的，甚至，比较确凿的证据表明缎最早出现在元代。虽然缎出现得晚，但是不妨碍它风靡于后世。

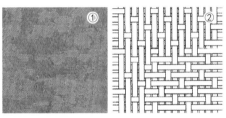

图 4-30　元代黄色云纹五枚暗花缎及组织示意图

图 4-31　清乾隆 绿地凤凰牡丹纹织金缎　　图 4-32　清道光 杏黄地云团凤灯笼纹妆花缎

图 4-33　清代万字织银缎

图 4-34　民国初年紫黑色素缎对襟马褂

图 4-35　明代织金妆花缎上衣（五枚暗花缎）

"缎"字也写作"段",但是它另外一个名字"纻丝"("纻"字古代写为"紵","纻丝"也写为"紵丝")可能就不太容易被联想到。从文献的描述里看,"纻丝"应该是更接近现在色织的缎织物。

与其他织物不一样,缎的丝线交织点很少,一根丝线会跨过许多个交织点,所以当这些同一方向的浮线聚集在一起的时候,面料就看起来很光滑锃亮了。

没有花纹的缎,就叫"素缎"。素缎里最早出现的是五枚缎,南宋宁宗杨皇后有诗云"宫中阁裹催缲茧,要趁亲蚕作五丝",写的就极有可能是这种五枚缎。但是我们见到的最早的实物,却是元末张士诚母亲曹氏墓出土的五枚三飞缎。所谓五枚缎、八枚缎还有几飞,其实是描述缎组织的种类。八枚缎最早可能要到明清之际才出现,流行于乾隆时期。此外,清代还有十枚缎。

暗花缎又称"正反缎",则是分别用经线(地)和纬线(花)作正反花纹的一种缎,利用缎纹组织的经纬线的光泽不同来显花,这一手法在服饰制作上很常用。

明代的缎总是看起来比清代的缎舒朗,而不如清代的缎光亮。这是因为明代所使用的缎纹组织浮线短于清代,光泽度自然就不如清代了。

缎之所以一出现便大量流行,是因为哪怕只是素缎或暗花缎都别具风味,有隐隐的华贵之感,是其他织物所不能比拟的。再加上各种工艺的加持,使得缎更是多姿多彩。比如运用织金技术的有织金缎,金线搭配缎纹的光泽感,相得益彰;结合妆花技术的则

图 4-36 清代明黄色四合如意云纹库缎

图 4-37 民国杏黄色方胜纹库缎

有妆花缎,常用于皇室贵族。

爱缎的风气一直延续到民国,这种织物更是被频繁地运用在服饰制作当中,并且也有了更多花纹和种类,光泽度也更为悦人。更不用说现在使用各种化学纤维模仿缎面的效果,"缎面"一词几乎成为"奢华"的代名词。

可以说在"绫罗绸缎"里,缎是我们最熟悉的,因为它出现得最晚,名词上的认知分歧也不大。相对于上一个丝织物的统称"丝绸","绸缎"算是另一个统称,包含了这个系列里出现最晚的"缎"。其实"绸""缎"二字的出现都很晚,正如我们所能熟悉的很多东西存在的时间都不会太久远,因为太久远的一般已经湮灭或者迭代,而不为人所熟知了。

一个字的鸿沟：
"宋锦"不是"宋式锦"

宋锦与宋式锦只有一字之差，往往会被混为一谈，但却是两种完全不同的东西。总结起来就是，宋代织锦不多，常见于北方地区，结构多为纬锦；而宋式锦主要是一些藻井几何纹样，重装饰，结构为特结锦，出现于元代，常见于明清。

我们先明确一下基本概念：宋锦和宋式锦的结构不一样，当然工艺也就不一样；不同工艺有其流行时代，所以两者是不同时代的产物。

这里要先解释一下什么是纬锦，什么是特结锦，为什么会有宋式锦这种古怪的东西，它与宋代究竟有多大关系等问题。

图 4-38　清代锦群地织金缠枝四季三多纹锦

锦在我国丝绸中起源古老且地位超然，在很长的时期里都用以代表当时最高的织造水平。对于锦的分类，一般分为四川蜀锦、南京云锦、苏州宋锦、广西壮锦，并将它们称为中国四大名锦。其实这种按照产地特色分类是外行的分法，不是织物上的分法。织物上的分法是经锦和纬锦，区别就在于经线显花还是纬线显花。

图 4-39　清代黄地加金六出如意瑞花重锦

锦是一种重组织结构织物，说白了就是有多组纬线或多重经线，增加织物厚度的同时还能织出正反面不一样的图案。锦必然是由彩色纱线织成花纹的织物，所以我们常用"锦绣"来比喻华丽和美好的事物。我们不会随便把一样好东西称为"锦绣"，因为"锦绣"的另一层寓意就是罕有，它织造复杂，并非人人可得。

锦织物最早发现于西周墓中，但是早期最为重要的发现则在江陵马山楚墓中，当时的锦为经锦。织物如服饰一样也有发展过程，所以经锦与纬锦并非一起出现。经锦是最早出现的种类，我们所说的汉锦几乎都是经锦。而纬锦盛行于唐代，它是中西文化交流的产物，图案往往有明显的异域风格。

图 4-40　清代翠绿地盘绦填花宋式锦

本节所说的宋式锦属于特结锦，来自于元代的纳石矢（一种元代织金锦）。而宋代的锦不多见，不知道是不是因为宋人并不喜欢。总之那个时代的锦常见于北方和西北地区，结构是纬锦，这是年代上不可逾越的东西。

特结锦是什么呢？这是明清时期织锦的最主要结构，之所以叫这个古怪的名字，是因为它有一组特结经，专门用来扣住显花的纬线，所以结构稳定。它还有另一组经线，用来织地组织，上面提到的经锦和纬锦只有平纹和斜纹，特结锦可以做缎纹组织，就是大名鼎鼎的织锦缎。

关于宋式锦的起源，朱启钤《丝绣笔记》引褚人获《坚瓠集》中说："秘锦向以宋织为上。泰兴季先生，家藏淳化阁帖十帙，每帙悉以宋锦装其前后，锦之花纹二十种，各不相犯。先生殁后，家渐中落，欲货此帖，索价颇昂，遂无受者。独有一人以厚赀得之，则揭取其锦二十片，货于吴中机坊为样，竟获重利。其帖另装他纻，复货于人，此亦不龟手之智也。今锦纹愈出愈奇，可谓青出于蓝而胜于蓝矣。"

简单讲一下这个故事，就是清代康熙年间有人购买了宋裱《淳化阁帖》，将上面的织锦截取下来，取其花样仿制。说明它是模仿宋代图案却用明清工艺制作的仿古织锦，所以也就只能叫作"宋式锦"，或"仿宋锦""仿古宋锦"。宋式锦的图案其实是建筑藻井风格的几何骨架，然后在其间布置各类花卉、动物、小几何图案，时人称为"六答晕""八答晕"，色彩沉凝，装饰意味浓重。

宋式锦最早指的是模仿这些宋裱图案的锦，主要生产地是苏州，后来大家把产自苏州的织锦都称为"宋锦"，所以广义的宋锦还会包括明代的一些织锦。但是无论如何，它都是具有明清时代特征的织锦，而非真正的宋代织锦。

总结一下，"宋式锦"是指清代开始仿效宋代图案、采用清代工艺在苏州制造的锦；原本的"宋锦"是宋代织锦，指的是宋代延续前朝的纬锦，与明清的特结锦有明显区分；而"苏州宋锦"指的是从明代开始在苏州生产的织锦。

丝绸向西，妆花向东——
从经锦到纬锦

本节我们来专门讲讲锦和妆花的故事。

经锦：中国最绚烂的传统丝绸

尽管我们如今提起丝绸往往都是"绫罗绸缎"，但是"锦"在很长的时间里都代表那个时期最高的织造水平。

"织彩为文曰锦"，从定义上来说，锦是彩色有花纹的丝织物。而"锦"字本身也颇为特殊，并非"纟"字部，而是由"金"与"帛"组成的。"帛"字很早就成为丝织品的统称，"金"虽然是做了声旁，但是很早就有锦"其价如金"的说法，所以也被认为是表示珍贵的意思。

梭织物有经线和纬线，所以锦主要分为经线显花的经锦和纬线显花的纬锦，其他还有经纬显花的。但是这其中，经锦却是中国独有且十分古老的代表性丝织物。

从考古发现的实物看，至少周代就有了经锦。而最为盛行的则在汉代，马王堆汉墓就出土了很多——尽管"素纱禅衣"对一般人来说名声很响亮，却不是马王堆里工艺最厉害的，因为经锦比它更繁复。

图 4-41　唐代翼马纹锦，带有明显的萨珊波斯风格

图 4-42　靖安东周大墓出土狩猎纹锦

图 4-43　"长葆子孙"汉代云气动物纹经锦

图 4-44　云气动物纹绵线纬锦

图 4-45　中亚粟特式织锦，斜纹纬锦

由于我国西部地区保存条件相对良好，所以出土了大量的经锦织物，时代约为东汉到晋代，其中织有云气动物纹图案的经锦被视作汉锦的代表作之一。著名的"五星出东方利中国"锦就是其中水平最为高超的，丝线密度极大，需使用五组经线交织，织造难度极高。有人说它是伪造的假文物，明显就是不懂织造的妄言了。

经锦的织造至少需要两组以上、多种颜色的经线，纬线只采用单色。显花的时候，将所需颜色的经线提到表面，不需要的颜色压在下层。所以锦一般都华丽而厚重，可以说是最能代表中国织造技艺的丝织物。

纬锦：对经锦的模仿之作

经锦经由贸易西传以后，人们发现了西域有另外一种锦织物。它在纹样上模仿当时的汉锦（经锦），采用云气动物纹，就是经纬线好像旋转 90°，从经线显花变成了纬线显花，这就是"纬锦"。

对于这种现象，学者们一般认为是对汉锦（经锦）的模仿产物。之所以会如此，大约是因为纬线显花的方式比经线更简单一点。

当时模仿织成的纬锦，还有一个比较特殊的现象，就是采用"绵线"。这两个字都是"纟"部，猜测它是用蚕丝做原料，不过是用破茧以后的蚕蛹纺纱，纤维很短，丝线的质量不高。学者一般认为这可能是与当地不杀生的信仰有关，也有认为是由于蚕种本身过于珍贵，所以不杀蛹而让其破茧繁殖。

比这种绵线纬锦更晚一点出现的，就是开始采用和中原相似的长丝线的纬锦，当时已经到了北朝晚期（公元 5 世纪至 6 世纪）。伴随这种纬锦的出现，纹样的西方特色开始突出，已经不再是中国传统的云气动物纹了。

除了这些，西域的纬锦纱线往往采用"Z"捻，而中原一般是"S"捻，这是因为加捻工艺与纺车有关。由此可见，如果具备一定的织物相关知识，便可以用这些知识来判断织物的时代和地域，对织物的理解可以更加快捷。

斜纹纬锦：汉唐丝路的伟大遗产

其实无论是经锦还是纬锦都是平纹织物，与我们一般看到的平纹示意图不太一样的地方就是它们的经纬线有好几组，为了显花绕来绕去的。

大约在隋唐时期，斜纹纬锦出现了。从纹样判断，它受到了西方影响。更重要的是，斜纹纬锦在西方博物馆里也有藏品。斜纹纬锦的出现，被认为是汉唐丝绸之路上技术发展最重要的一步，其实也是这段丝路历史的最后一环了。

斜纹纬锦可以分为西式和中式，区别不仅仅在于我们前面写的 S 捻还是 Z 捻，还在于中式斜纹纬锦采用提花织机，而西式应该还是使用挑花织机。提花和挑花看起来就一字之差，在技术上差别却很大。可以简单粗暴地理解为提花是用织机技术完成的，而挑花是人工织的，前者有编程，后者靠工匠自己。其实在纺织科技领域，中国在很长的时间里都是一骑绝尘的。

有斜纹纬锦，当然也有斜纹经锦，依然是将经纬线旋转 90° 的产物。从织造角度来看，平纹经锦使用两片地综，斜纹经锦就是多加一片，实际上可以让织物纹样灵活许多。从目前发现的文物来看，斜纹经锦出现的时间可能早于斜纹纬锦，但是斜纹纬锦更为流行。

斜纹纬锦之所以很重要，是因为它带来了两个遗产：斜纹和纬线显花。它们对后世的织造工艺影响巨大。经锦虽然是我国传统织物，但它对花纹的束缚比较大，越丰富的图案和色彩就需要越密的经线，而经线需要穿过综片才能被穿梭织造，它会有临界值。而纬线显花就不一样了，它通过换梭就可以实现很丰富的颜色。

鉴别妆花的极简攻略

妆花和缂丝有相似之处，因此这里讲一讲怎样鉴别妆花。

妆花是"通经回纬"的说法让很多人不理解，因为我们听得最多的是关于缂丝的"通经断纬"。其实这种工艺存在于很多织物上，区别在于缂丝的回纬会在另一头接续上，整幅织物都由回纬组成。

但妆花可以被视作额外添加的工艺，没有妆花，那块织物也一样成立，不像缂丝，去掉回纬就只剩下经线了。

从根本上说，妆花只是一种织造技法，是一种工艺，和图案是什么无关，和原料是什么无关，和地部织物是什么更无关。只要是在织物上通过挖梭工艺织花，就是妆花。在缎地用挖梭工艺织花，就是妆花缎；在纱地用挖梭工艺织花，就是妆花纱；在绒地用挖梭工艺织花，就是妆花绒。

图 4-46 棕黄地联珠小团花纹锦，斜纹经锦。其中图②为特写

织物的地部和花部，尤其是在花之间间隔很大的情况下，厚度是不一样的，只要仔细摸一下，就会感受到差异。并且，如果条件允许的话，可以看一下织物的反面，反面的纹纬只有局部能看到花，而且花也不与经线交织。这就是为什么大多数妆花织物都需要配合衬里的原因，否则花随便蹭一蹭就掉了。此外，还要观察背面纹纬浮现的走势，因为从制造方法来看，同一根地纬和其上方覆盖的彩纬基本是差不多时间织成的，因此如果同一个水平方向上有同色花，并且间距不小的话，为了避免浮纬过长，一般会另外用一根绒管（云锦里织纹纬的梭子）分开织，也就是说，背面基本上不会出现水平面上的单根长浮纬。

这段文字可能比较抽象，简洁地归纳一下：

从正面看，妆花部分的彩绒线如同钢琴黑键一样，是从白键的缝里"挤"出来的，夹在两根地部织物的纬线之间；妆花部分的彩绒线有明显的凸起感，比纬线要粗很多，这样才能在"挤"出来以后盖住纬线显出图案来。

从背面看（其实背面是最好区别的），可以看到彩绒线拉来拉去的线头，就像绣花的背面一样（不是双面绣），只是因为妆花线只在它需要显花的地方出现，临近颜色的部分直接拉过去就行了。但是这个线头不会跑得很远，如果很远的话就直接用另一管绕同色线的梭子。妆花的正反面不相对也不互补，可以大致看到一个轮廓，仅此而已。

所以妆花和缂丝很好区分。缂丝是平的，正反面基本一样，妆花有凸起感。

其实，妆花还有一点很好认，它特别特别贵，可以说"寸花寸金"。而缂丝机则体积小且易得，家里就能放下，可以一人操作。即便如此，对一般人来说，缂丝也依然价格不菲。至于云锦那些妆花缎，要用到好几米高的花楼机（虽然妆花本身并不限定织机），需要专门弄个厂房才能装得下，还要两个人配合操作，价格当然更加昂贵了。

解开经锦织造之谜

通过前面的介绍，大家大概了解到，出土的汉锦非常多，有碎片，有衣服裤子，有衣服零件。然而它们是如何织造出来的呢？这一直是一个谜团。学者给出了几个不同的方向，它们在理论或实践上都是可行的。

本节就讲讲出土文物、理论猜想、复原实验与历史真相之间的关系，但跟推理小说不一样，我们无法排除任何可能性，甚至于无法枚举所有可能性，所以看起来最有可能的那个选项也不一定就是正确的。

手挑花织造

汉锦（经锦）是径向循环图案，一般认为这个循环图案是在织机上完成了"编程"然后进行织造，这里就需要提到一个字"综"。

综是一种提起经线的装置，经线按照图案的需要穿过不同的综（一台织机的综有几十上百个都是正常的）。织造过程中依次提起综，其实就是把"编程"好的经线提起来，把纬线穿过去，就形成了图案。提起综的时候，手中的那个是综杆。一般一根综决定一条纬线的花纹，图案越复杂，综就越多。

图 4-47　丁桥织机

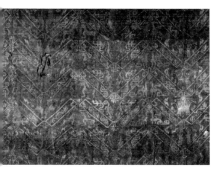

图 4-48　江陵马山楚墓舞人动物锦

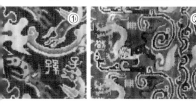

图 4-49　中国丝绸博物馆藏汉晋时期的锦

有考古证据表明，经锦出现的时间早于汉代。由于这个时间太早了，所以在一段时间里有的学者不认为那时的中国已有这种多综提花技术，而认为是用挑花棒在普通织机上做出来的。但是江陵马山楚墓出土了一块"舞人动物锦"，这块经锦上有一个织造错误，这个错误随着图案的循环而反复出现。打一个比喻，就好像现在网络上文章防抄袭全靠错别字一样，这个错误也恰恰证明了中国至少在战国时期就已经有多综提花技术了。因为手挑花的图案在下一次出现的时候可以纠正，不会随着循环而反复出现。

所以，手挑花织造的选项被否决了。

多综多蹑机织造

在近十几年的书中，对汉锦（经锦）的织造都不会漏掉"多综多蹑机"这个选项。综是提起经线的装置，蹑就是织机的踏板。用踏板控制综的提压，即便是束综提花机，由上面的挽花工负责提拉，但依然会有地综需要用踏板控制。

多综多蹑机主要以在四川双流发现的"丁桥织机"为代表，如今的多综多蹑机也基本是以它作为母本进行绘制的。

丁桥织机本身不是用来织布的，而是织花边的，幅宽很窄，但是这个机器本身却不算窄，因为它多蹑。一个个踏板排过去，织工在踩踏的时候会产生混淆，所以踏板上装了错开的竹钉，这便是这种织机名字的由来。

抬起综片一般是利用杠杆原理，综片数量越多，叠加的距离就越远。还记得综是做什么的吗？它是提经线的装置，经线必须提起足够的高度才能在织工面前形成一个可以插入梭子的开口，但是综片的距离越远，提经花费的力气就越大，传达到织工面前的经线开口也会越小。

尽管后来多综多蹑机成为汉锦（经锦）织造的主流答案，但是它却有两个致命问题：一是它可能无法织出来循环稍大的图案，所以有学者接受多综多蹑机的解释，同时

图 4-50　丁桥织机的"多蹑"

也认为图案循环大的是使用束综提花机；二是在力学上它可能会崩塌，丁桥织机毕竟是织花边的，因此有学者认为将它放大后织汉锦（经锦）会崩。

所以，多综多蹑机是一个选项，却不一定完全正确。

束综提花机织造

束综提花机，其实就是那种有两层楼高，上面需要额外有一个织工操作的巨型织机。

云锦、宋锦、蜀锦、漳缎等基本都是靠束综提花机来织造的，中国后来存世的几乎都是这类提花机，所以这个选项无法被人忽视，不能不纳入备选答案当中。

束综提花机（又称花楼机）的确有织造出经锦的案例，但有的学者认为在力学上，它可能承受不住图案复杂的经锦。比如丝绸博物馆复原的"五星出东方利中国"锦有10470根经线，而经线在织机上必须保持张力，在被提起部分形成梭口以后可以再恢复回去。

当然能不能做和适不适合做是两码事。老官山织机出土以后，在设计上是最适合织造经锦的。在减蹑这件事上，减到了只有一个控制纹综的蹑，整个织机上的蹑全部加起来只有三个。

这一部分，后面在讲"五星出东方利中国"锦的时候会详细介绍。

寻找复原的入口

复原有很多种，以做衣服为例，可以做结构复原，可以做图案复原，又或者通过别的方法去达到最后的结果，最大程度上接近古人提供给我们的文物。但这条路是不是就是古人所选的路呢？我们可以在一些地方符合古人的描述，但是有一些古人没有描述到位的地方，需要后人自己探索。在没有考古发现之前，没有人可以知道真正的答案。

有一些持"出土文物无用论"的人认为，既然我想知道的还没有答案，那就随心所欲吧。可事实上即便没有答案，也已经有答案范围了。历史的东西，有来处也有去处，它会在意料之外，但一定在情理之中。

有的人觉得暂无答案的东西可以瞎说，但是也有的人觉得暂无答案的东西就留白好了，既然没有答案，多说多错，不如不说。如果是这样，那历史的空白会有很多。一如没有细致的论证，我们就无法知道老官山织机是最适合的答案。所有尝试都是经过论证及探索而得出的结果。

对于一些历史的真相，此处可以写一句略微老掉牙的话：尽人事，听天命。

"五星出东方利中国"锦成功复制背后的历史与科技

2018年5月20日，中国丝绸博物馆采用复原的老官山提花机来复制五星锦获得成功，铭文为"五星出东方利中国诛南羌四夷服单于降与天无极"，织机共用10470根经线、84片纹综、2片地综。项目得到了专家学者的高度评价。

有很多人会疑惑，"五星出东方利中国"锦才复制成功吗？怎么感觉网上已经卖了好几年了？

这就要提到一个重点了，这次是"汉机织汉锦"。什么意思呢？就是复原汉代织机，然后用这个复原的织机来复原汉锦，不是用现有其他织机进行的仿制，更不是图案仿制，所以意义才更加重大。

汉锦织物虽然出土很多，但是汉代织机从画像石上看，都是非常简单的织机，与汉锦的技术水平似乎不怎么相匹配。

在老官山汉墓发现之前，正如前面所说，汉锦（经锦）到底是怎么织造的，什么说法都有，偏偏这个答案谁都没猜到，但是又好像很多答案都沾边。之前比较主流的说法是多综多蹑机，结果出土的根本就不是一个多综多蹑机，它多综但是少蹑。为什么一开始学者们这么肯定它是多蹑呢？因为被文献

图 4-51　老官山汉墓织机复制机，织机最上面的那根就是齿梁

误导了。《西京杂记》中写道："霍光妻遗淳于衍蒲桃锦二十四匹，散花绫二十五匹。绫出钜鹿陈宝光家。宝光妻传其法，霍光召入其第，使作之。机用一百二十蹑，六十日成一匹，匹值万钱。"想想看，120 个踏板，这机子得多宽啊！

这个问题就像古人画好了一个目的地，坐车也能到，走路也能到，但是没有考古发现，就是猜不到古人是怎么过去的。

学者们猜啊猜，论证啊论证，谁都说服不了谁，直到 2013 年老官山汉墓（考证约为西汉景帝、武帝时期）出土了织机模型。当时出土的是四台织机模型，需要测算放大比例，然后再研究运作机制。而这个小模型的运作原理比之前大家猜想的都要符合汉锦（经锦）的织造。

这四台织机模型，有一个统一的机制，就是通过上面的一根齿梁来选综。多综多蹑是用踏板来选综，一个踏板控制一个综，后来的云锦、宋锦织机用束综，就是机子上面坐一个人拉动线综（早期是木框综片）。老官山汉墓织机还是用木框综片，但是需要的数量很多，使用多蹑就很不现实，所以织机上面就做了一个齿梁，齿梁通过一个装置推动齿梁移动（对准需要提升的综）。然后专门有一个踏板来控制综的提升，达到省蹑的目的。

说起来特别简单的原理，但是空想真的很难和古人想到一个思路里去。

虽然只有四个模型，但按照学者的分析，又可以分为两种方式。中国丝绸博物馆织造馆里的两台都是同一种"滑框式"，另外还有一种"曲柄连杆式"。学者通过分析它们各自的原理，得出了一个凝结了古人闪闪发光的智慧的结论："滑框式"（综片多）可以织循环比较大的图案，但是操作上不够省力；"曲柄连杆式"（综片少）虽然只能织循环小的图案，但是操作省力。古人真的很聪明啊！

锁绣：古老而不苍老的刺绣工艺

锁绣也叫辫绣、辫子股，它的历史究竟有多古老呢？

我们所熟悉的西汉长沙马王堆出土的织物，以及因为《鬼吹灯之精绝古城》而大热的尼雅遗址汉晋时期墓葬出土的织物，都是锁绣。再久远一些，商代妇好墓出土的青铜器上留下来的丝绸印痕也被认为是锁绣，而战国时期的马山楚墓则出土了锁绣实物，并且其技艺已经相当成熟了。

图 4-52　湖北荆州马山一号楚墓　战国灰白罗刺绣龙凤虎纹残片

那个时候，我们现在很熟悉的四大绣（四川蜀绣、广东粤绣、江苏苏绣和湖南湘绣）所采用的平绣是不流行的，甚至可能还没发展出来。可以说，在唐以前锁绣是最主流的针法，其流行时间几乎占据了中国信史时代的一半。如果从妇好那时候算起，则更是远远超过平绣流行的时间。

图 4-53　湖北荆州马山一号楚墓　战国中晚期凤鸟纹绣

锁绣简洁质朴，立体性很强，所以和现在四大绣的丝光感不一样，而是装饰意味更浓。锁绣针法简单，不需要绣绷也能做到，基本方式就是令针迹成为环环相扣的辫子形状。

图 4-54　湖 北 荆　　图 4-55　敦煌盛唐刺绣灵鹫山释迦牟尼说法图（大英博物馆藏）
州 马 山 一 号 楚 墓
战国中晚期绢地龙
凤相蟠纹绣

　　日本学者鸟丸知子在《贵州苗族服饰手工艺》一书里提到了很多种锁绣的实现针法，并且表明古代所用的锁绣针法与现在流行的针法有所不同。现在流行的锁绣针法与古代锁绣的线圈方向及行针方向是正好相反的。书中提到古代锁绣的方式可以令针迹（链条）更瘦，并且更为灵动。

　　锁绣虽然看似只是一条条链条，只能走线，其实它也经常用于铺面。早期的绣花以抽象图案为主，多曲线，所以用锁绣实现也比平绣容易些。然而锁绣也是极其耗费工时的，尤其是使用它来大面积平铺的时候就会显得十分费工及吃力了，所以人们就开始偷懒，从而出现了劈针绣，每一针不再去绕线圈，而是在出针的时候劈开前一针的线股，从而营造出一种类似锁绣的效果。这种针法现在也有类似的，称为"接针"，只是每一针的线距可能会更长一些，如今是用来接续一些比较长的图案线条（刺绣不能拉太长针距）。

　　到了后期，这种用劈针绣替代锁绣的做法逐渐流行，敦煌所出的大型绣品几乎都使用劈针绣。渐渐地，锁绣淡出了主流针法，而劈针绣的针距也逐渐拉大，越来越接近于我们现在的平绣。所以劈针绣也被认为是锁绣和平绣的过渡针法，法门寺所出的绣品中就已经大量出现平绣了。

　　如今锁绣已经很难在四大绣中看到了，即便有也是取其链条的形状，而不再当作基础的针法。然而在一些少数民族地区，锁绣依然十分流行。这大概与四大绣演变为成规模的绣坊作业，而少数民族及偏远地区依然留存着绣品自用的习惯有关系。因为锁绣可以摆脱绣绷，不受环境制约进行绣制，灵活性更好。

　　现在很多人不再认识锁绣，还是挺令人感慨的，毕竟它曾经如此辉煌地存在过，并且也从未真正消亡。尽管刺绣是很多人眼中的中国符号之一，但是它的历史依然算是个冷门话题，颇有一种前浪还没死在沙滩上，却已经被人遗忘在哪个海边的荒凉感。

《凤囚凰》：造型怪相背后的文物真相

有一阵子，电视里集中播出了好几部同为魏晋南北朝背景的古装剧，它们不约而同地做出了一种看起来有点奇怪的服饰——一种有着大领子的衣服。

关于衣领其实前文已经介绍过，这种大领子的服饰并不是额外添加的披肩，而是服饰剪裁后通过穿着的二次定型造成的效果。而传统服饰的二次定型对我们来说其实并不陌生，和服就存在这样的现象，它会直接导致服饰的平铺图与穿着图存在明显差异。

图 5-1 《高逸图》局部（图②、图③为特写）

图 5-2　　《北齐校书图》局部（图②、图③为特写）

关于衣领的问题这里就不再赘述了，主要讲讲为什么以这一时期为背景的影视剧里会出现这样的设计——它非常有可能来自于同一件古代服饰引发的灵感，甚至有可能就是从同一件文物，即北魏杨机墓里出土的女俑。

墓主杨机是北魏重臣，被高欢诛杀于永宁寺，而高欢的儿子登基就是北齐武成帝高湛，即《陆贞传奇》里陈晓演的那个角色。这个墓最有名的是出土了一对手拉手的女俑（见前图1-142）。因为与北魏胡太后时期建造的永宁寺年代相近，所以风格上很相近，都是在乱世中保留一派宁静祥和之貌，这对拉手女俑更刻画了少女的纯真与娇憨。

《凤囚凰》比其他几部影视剧的服饰做得好一些，不过依然有错误。首先是杨机墓的年代比《凤囚凰》的背景时间晚了近一百年，其次北朝与南朝的服饰是有区别的，直接拿来参考多少有些问题。

再有，《凤囚凰》里出现了一个奇怪的"片子头"。和《新红楼梦》不一样，这个"片子头"应该不是来自于戏曲，而是可能来自于《校书图卷》，也称《北齐校书图》。但并不是说它有参考物就一定是正确的。且不说《校书图卷》表现的内容只会更晚于北魏杨机墓，更何况作为一卷传世画作，用于古代服饰考证时会出现的弊端它几乎占全了。

首先，《北齐校书图》无法确定作者和年代，主流说法是杨子华原画，可也有人主张是阎立本的再稿，这两位已经不是一个朝代的人了；其次，画作无法确定流传过程中是否有增

图 5-3 《洛阳北魏杨机墓出土文物》插图，女俑可能
引发了影视剧关于大领子的灵感

图 5-4 西安草场坡出土北朝着帔子十字
髻彩绘俑

图 5-5 西安草场坡出土北朝奏乐俑

图 5-6 西安草场坡出土的另一组北朝彩绘奏乐俑

添、删减、改动等情况。以《校书图卷》来说，它是一个残卷，且是宋摹本的残卷，这是一个主流的说法。同样的情况比如《簪花仕女图》中，仕女头上的大花对于画面布局来说不合理，有可能就是后人添笔。而《校书图卷》的"片子头"，也有人认为是宋人添笔，因为宋人画仕女有这个习惯，但是出土的北朝俑却没有类似的形象。

是不是后人添笔，我们不好下定论，但与魏晋原本《高逸图》相比，的确发式相近，唯独多了奇怪的"片子头"。一般认为，古画中类似"片子头"的形象，是分绺梳头导致的，而非像戏曲里那样真的贴片子。

此外，《凤囚凰》里还出现了一个奇怪的盔甲状的帔子。如无意外的话，出处应该是西安草场坡出土的十字髻彩绘俑，沈从文先生认为女俑身上有花帔。不过我一直很好奇，沈从文先生为何认为站立俑身上的是花帔，而不是与奏乐俑一样是装饰领呢，而且他自己也说与宋代"领抹"更为相似。同一批出土的另一组彩绘奏乐俑，服饰与站立俑更为相近，领子上

图 5-7　酒泉丁家闸出土的壁画

图 5-8　《历代帝王图》中的陈文帝与陈废帝

图 5-9　酒泉丁家闸出土的木俑

图 5-10　南朝画像砖

也出现了很宽的装饰，却根本不是花帔。而酒泉丁家闸出土的十六国时期的壁画与木俑，倒可以看出来领子的装饰刚好与裙带产生某种视觉上的巧合，北朝服饰就是在此基础上的进一步发展。

不过这些都是北朝的样式，那么南朝的服饰是什么样子呢？南朝的服饰褒衣博带，轻盈飘逸。不明白设计师们在设计那段历史时期的服饰时为何忽略南朝现成的服饰，却执着于仿制北朝。主角的衣服要飘飘欲仙，直接用南朝的服饰就好了嘛。

《陈情令》：揭秘抹额的真面目

自从看了《陈情令》的海报，我就对帅哥们头上的绑带印象深刻。电视剧正式开播之后，大家把它称为抹额。

在原著小说里有关抹额的描写是这样的：蓝家子弟"额上都佩着一条一指宽的卷云纹白抹额"，"姑苏蓝氏家训为'雅正'，这条抹额喻意'规束自我'，卷云纹正是蓝家家纹"。

简单来说，抹额在小说里的设定是家徽及私人贵重物品，内涵为家训"雅正"，外观是"一指宽"并有"卷云纹"的白色带子。据说这个带子的长度并不短。

事实上，中国历史上并没有家纹，这大概是当代网络小说作者受到其他文化的影响而加入的设定。抹额对漫画人物形象的影响并不大，但是当真人演绎出来的时候，大家就发现额头上这个抹额比较奇怪——比如在其中间挂上了金属片，为了提升人物气质而把它改为飘带，以及将抹额插入头发当中，等等。

图 5-11　《桐荫品茶》

图 5-12　唐代章怀太子墓壁画中的形象

图 5-13　敦煌壁画中的吐蕃赞普形象

那么，历史上真实的抹额究竟是什么样子呢？

作为眼眉上方的额头装饰物，抹额在古画中随处可见。但是剧中的抹额与画像中的抹额并无直接的发展传承关系，因为一方面它们之间的形态有较大区别，另一方面抹额几乎没有独创性和研发壁垒，无论是从其他相关物件发展而来，还是突然出现，都是顺理成章的。

我们可以总结一下关于抹额的一些共性。首先，它没有强烈的性别属性，也就是说男女通用。其次，抹额可以搭配其他巾帽或首饰使用，独立使用反而比较少见。再次，早期抹额应该具有一定的功能性，其作用常见为束发、保暖等。最后，抹额有一定装饰性，所以使用鲜亮色彩或装饰珠宝的案例也比较多。但《陈情令》中的抹额并不符合中国历史上抹额的真实情况。

早期的抹额可能与劳动需求有关系，民间多有佩戴，将士、兵卒也会使用。在唐代章怀太子墓的壁画上就可以明显看到，突出的红色抹额就扎在幞头外面。类似的"绛抹额""红罗抹额""绯抹额"的记载很常见，可以理解为一些仪仗将士和乐者、舞者某种意义上的"制服"。另外，在敦煌壁画里的吐蕃赞普装束中也有类似的红头巾。由于《续汉书》的注里提到过抹额来自于北方，所以有人认为它可能产生于中国古代的北方地区。

也有人认为，抹额可以一路上溯到商代，如殷墟出土的石人，有的脑袋上就戴了一个圈儿，这是否就是抹额的前身呢？说实话，我感觉这个说法比较牵强，而且难以论证。

对我们来说，更为具象或者说更为熟悉的，大概是明清时期的抹额，也叫眉勒、箍儿等。比如《金瓶梅》中提到的珠子箍儿应该就是一种工艺繁复、外表雍容的具有装饰性的抹额。

明代人虽然将这类饰物用于日常生活中，也搭配在礼仪服饰上，但一般他们的使用是自发性的，并没有相关的制度规定。而从清代皇后穿着礼服、吉服的画像中则可以看到一些相关痕迹，比如本书后面提到的金约，在当时的后妃画像中普遍存在，大家额头上都有风格相似的装饰物。在清宫的一些汉装画像里，女性佩戴抹额的形象更为清晰，而且可以看出材质也随着季节变化而有所改变，由此可见其日常性。

图 5-14　殷墟出土的石人　　　　　　图 5-15　明代画像中的抹额

当然，大家更为熟悉的是 1987 年拍摄的影视剧《红楼梦》，里面除了有普通的抹额，王熙凤穿戴的昭君套也应该算是一种广义的抹额。很多人对古代中国的认知来自于影视剧，所以老版《红楼梦》电视剧中的人物装束就成为大家对古代服饰的印象来源。

说到这里，大家是不是恍然大悟？原来《陈情令》里那个细条抹额的起源在这里，甚至有可能小说作者在描写这段的时候也直接或间接地受到了影响。

但是，很显然这是艺术化处理后的结果，因为无论是《红楼梦》的相关绘画，还是抹额的相关考古实物，几乎看不到这么窄小的，只有在清初的《金瓶梅》插图里才可以看见一些类似的样式。从外形来说，大概只有剧中刘姥姥的那条比较写实。

影视剧里的抹额与现实中的不同之处在于，它不需要考虑太多实用性，而是更注重视觉效果。由于当时人们的发髻十分蓬松高耸，老版《红楼梦》电视剧中那些窄小的抹额其实很难勒住头发。

如果非要给抹额找个比较容易理解的参照物，大概就是发带了。发带既可以束发，也可以勉强保暖，就算纯粹用来做装饰物也是很好的。当然，如果愿意的话，也可以用它来炫富。另外，发带也是男女通用的。

所以说，影视剧里的人物不要轻易使用抹额，如果做好了还会比较好看，弄不好的话就会显得比较古怪了。

图 5-16 《倚门观竹》

图 5-17 清初《金瓶梅》插图中的抹额

图 5-18 抹额的材质可随季节变化而有所改变

《琅琊榜》：江左梅郎怕是冻死的

《琅琊榜》原著里的梅长苏面容苍白，拥裘围炉，到了影视剧里就变成了各种毛领斗篷。

该影视剧里多处称其为"披风"，前面已经有专门一节来讲解这件事了，所以这里按下不表，主要来说说梅长苏那花样毛领斗篷秀。

我粗略翻了一下《琅琊榜》剧照，里面出现的斗篷真是不少，绝大多数都是带毛领的。

毛领虽然看着暖和，但是一般人都知道，它的装饰意义其实大于保暖作用，真正起作用的是下面的那些面料。不过鉴于影视剧需要美美的特写镜头，所以暂且不追究这个问题了。

一般来说，覆盖大部分肌肤的衣服的保暖性取决于面料和材质，而不是款式。你觉得风衣比衬衣暖和，那是因为风衣多使用呢料，衬衫顶多使用法兰绒。

很多人会把梅长苏的装扮和北齐徐显秀的壁画来作比较。乍看起来很像对不对？其实不像的地方有两处。首先，徐显秀身上披的也是皮毛，但是你看到壁画上那些黑黑的"大蚪

图 5-19 北齐徐显秀墓墓主徐显秀

图 5-20　徐显秀墓壁画中的徐显秀夫妻

蚪"了吗？那是被扒皮的动物的尾巴，显然梅长苏的斗篷上没有这些。第二点不同在于，徐显秀身上的不是没袖子的斗篷，而是有袖子的衣服。这种看起来很现代的穿衣方式，实际上有一段时期的古人经常这么穿着。

可能是因为斗篷"时髦值"比较高，近年来在各种影视剧中，将军要有斗篷，侠客要有斗篷，文士要有斗篷，闺秀也要有斗篷……总之，这是一场"斗篷盛宴"。等到有人发现徐显秀那个带毛领的之后，这种款式就成了近年的爆款。

要说起这种服装的好处，那便是随便一个普通人都能被毛领斗篷衬托得一张小脸，加之又能遮住身材缺陷，怎能不叫人喜欢呢？但遗憾的是，这种斗篷别说追溯到北齐，哪怕到清朝都很勉强。保守算一下，最多 20 年历史，不能再长了。

但是，这些斗篷摆摆姿势还行，指望它能抗风御寒，那就太痴人说梦了。这种斗篷和一条被子一样，披过的人都会有这样的感受，手伸出来就会前门漏风；如果穿着它走路，阻力还会让它自带"船帆作用"向后飞。摆姿势是很好看了，但是兜了一路冷风，超级冷啊！

所以，如果要抗风，就要不停地伸出手来把前门裂开的地方抓住聚拢。但是这样一来，手就冷了。到底怎么才能让这种斗篷御寒呢？各种影视剧的服装设计师为此操碎了心，开启

图 5-21　十二美人图里的披风　　　图 5-22　清代郎世宁《升平署脸谱》之水母

图 5-23　民国
时期的斗篷

图 5-24　京剧《霸王
别姬》中的虞姬（梅
兰芳饰）穿的便是戏
曲里的斗篷

图 5-25　清光绪　黄暗花绸绣折
枝牡丹蝶纹斗篷

了花样的"脑补"方式：比如做成半截的短款，手直接在外面，就可以避免这
个问题了；或者另外加个暖手的配件，但是这样就没法管斗篷了，只能继续漏
风；或者就直接在斗篷两侧掏俩洞让手出来活动，这样就可以把斗篷前面"关"
起来了。可见，西式斗篷的相关款式给了古装剧无穷无尽的灵感。那么古人又
是怎么处理斗篷保暖性这件事情的呢？

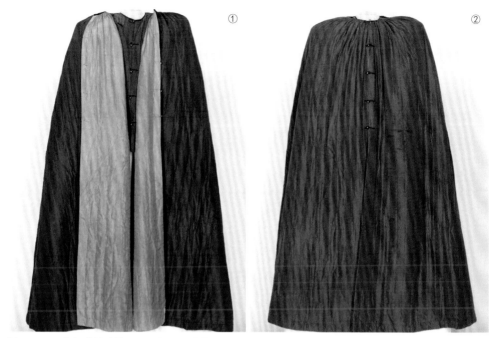

图 5-26 一件标准的斗篷，里面是一层小棉袄，外面是一层夹棉斗篷，然后在领口与和棉袄后摆处连成一体

比较遗憾的是，斗篷的历史真的不长，清代的实物和图像资料都在，但是在明代就是一桩悬案了。没有实物和图像留存，大家只能一起对着几段文字资料玩猜谜，结果就是谁都解释得铿锵有力，可又都拿不出有压倒性说服力的证据。所以我们就看看清代的吧。

有一件清代斗篷采用了双层设计，里面是一层小棉袄，外面是一层夹棉斗篷，然后将领口与棉袄后摆处连成一体。棉袄贴身保暖，斗篷挡风且不会因行走而滑落，这样的设计真的是超级贴心。尽管它设计特别，但是外层却是一件标准的斗篷：不带帽兜，且后面开裾。什么叫后面开裾呢？就是斗篷后面是开裾的。这种形式在戏曲斗篷中也可以找到，后面开裾，且帽兜是独立于斗篷的另外一件东西。别看斗篷看起来是挺简单的，其实里面可以研究的地方还真不少呢。

这才是真正实用又保暖的斗篷，再对比一下影视剧《琅琊榜》里那些有毛毛领却华而不实的斗篷……所以，梅长苏后来大概是冻死的吧，下辈子记得多穿点衣服啊！

《琅琊榜之风起长林》里的明代首饰

有人曾问我，你这么了解古代服饰，会不会没法看古装剧了？

我的回答是：不会！我对服装道具的审美和考据，其实倒形成了另外一个观剧的乐趣。

比如看《琅琊榜之风起长林》的时候，我就发现里面居然有很多仿明代饰品，并且应用方法与明代相去甚远，大概剧组直接采购的成品，而非考据所得。看来造型师对这些首饰的正确应用没有什么了解。

本节主要说说荀皇后和莱阳太夫人头上的饰品。这些饰品当中，以荀皇后头上那几件看起来工艺尤为精湛，最惹眼的三只累丝嵌宝石金凤簪，其原型都来自北京西郊的明代妃嫔墓。这些墓遭受盗掘，加上发掘的年代很早，所以墓葬原始资料留下很少，只留下这些精美无比的残存首饰。

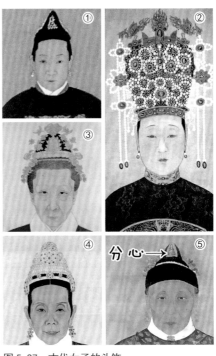

图 5-27　古代女子的头饰

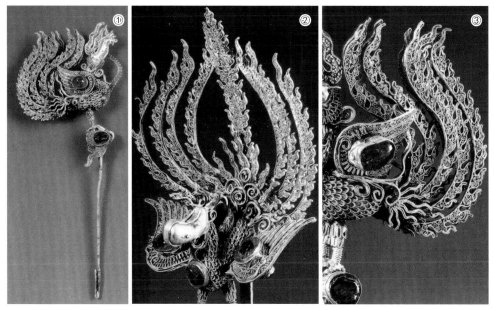

图 5-28　明代妃嫔墓出土的累丝嵌宝石金凤簪

从图中可以看到这些金凤并非用一块金子直接铸成，而是用一种名为"累丝"的工艺，以极其繁复的手法层层缠绕编织而成，营造出金凤轻盈灵动的体态。

铸造立体的累丝首饰时，立体的部分需要先制作一个胎，然后用金银细丝在上面累丝，最后烧掉胎，成为立体而中空的模样。这些金凤所用金丝粗细不一，手法多变，整体轮廓粗犷，但细节却令人十分惊叹，是具有强烈明代特征的饰物。

和影视剧带给我们的印象不同，凤冠是冠，是戴在脑袋上有一定体积的像帽子一样的东西，而不是在假发包上随便插几只鸟，或者戴一个类似金属片连接而成的发箍就可以称为凤冠。

清代以后，汉人女子的礼服处于失衡的发展状态，后期的凤冠越来越简化，但也简化不到古装剧里那么随便的程度。

另外，看到荀皇后头发背面的首饰，我当场就笑出了声，因为她的头发后面竟然戴了三个"分心"！

分心并不独立存在，而是明代女子最重要的首服系统"鬏髻"上的一个组成部分。它位于鬏髻前方正中的位置，簪脚朝上，是倒插的。

古代女子佩戴首饰多有章法，不是随便乱戴的，并且与服饰一样有应用场合。鬏髻就是明代普通女子较为隆重的首服了，《金梅瓶》里的人也就只有两三顶而已。

分心有很多题材，比如各种鸟（如凤、翟、孔雀等），明代常见的还有楼阁、佛像、梵文等。

鬏髻正面的中间是分心，背面的中间是满冠。因为是背面，所以容像里看不到，但是《三才图会》里绘制的模样与出土的实物几乎一模一样。

满冠形状特殊，一般呈现出有点像"山"字形的样子，比一般簪头宽阔，并有一点弧度。簪脚很长，是与簪头垂直的。

所以，莱阳夫人头上正中戴的那个明显就是一个满冠。只是角色身份低了，剧组也就没有花心思，只给她配了一个比较粗糙的仿制品。

可见，剧组把原来应该戴前面的分心放了后面，却把本来在后面的满冠扣在了前面。这大概是因为如果只看首饰本身的话，满冠比分心体积大、更华贵，视觉冲击力也强很多，却完全没有想到古人的配搭章法并非如此。

明人之所以会把满冠设计得这么大，是因为鬏髻背面的装饰本来就不多，留给满冠的位置就多了，而正面要安排的东西原本就多，且层次丰富。所以尽管分心有大有小，但是总的来说还是比满冠小。其实荀皇后头上的其他很多东西是佩戴在分心两侧、成对出现的首饰。

因此，鬏髻的首饰搭配虽有章法，但是因为题材的选择、工艺的繁简、搭配的多寡不同，最后可以呈现出完全不同的效果。辨认起来也挺简单，因为鬏髻的底座多为圆锥或圆塔形，与凤冠有明显区别。

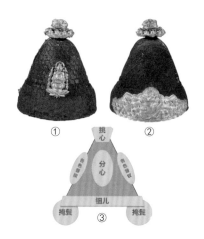

图 5-29　鬏髻正反面及正面示意图

图 5-30　明代银鎏金头面　　图 5-31　上海李惠利中学墓群出土的鬏髻

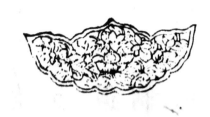

图 5-32　《三才图会》满冠插图

图 5-33　梁庄王墓出土的满冠

图 5-34 梵文满冠

图 5-36 明代妃嫔墓出土首饰

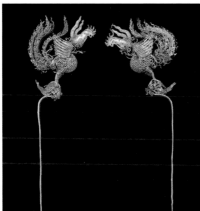

图 5-35 梁庄王墓出土金凤簪

图 5-37 图①至图③为南京孙徐傅夫妇墓出土首饰

　　值得注意的是，这些都不是插在发髻（或假发）上的，而是插在一个笼住头发的编制底座上。这个类似发罩的东西，材质也多样，便宜的有马鬃、头发、竹篾等，贵重的则是银丝甚至金丝。

　　所以，身份尊贵与否不是看谁的袖子更大，而是看一样章法的东西，谁能搞出更多的花样。

《大唐玄奘》：唐代僧人的真实模样

除了我们小时候看过的影视剧《西游记》里的唐僧形象，对玄奘法师的形象描摹基本绕不开一幅刻画了僧人负笈前行的工笔画，即《玄奘负笈图》。

我们在《大唐玄奘》里看到的玄奘形象，也是出自这幅画。此画藏于日本，据传是镰仓时代（公元 1185 年至 1333 年）后期由日本僧人从中国带回的，作者可能是一位无名的宋代画家。

细看原画，且不说相貌和服装与我们印象里的唐僧完全不同，更令人惊奇的是——这位僧人竟然带着骷髅串成的项链，耳朵上还有很大的耳环，甚至还佩戴着戒刀。这副形象真是说不出来的古怪，这难道不是更像我们印象里的沙和尚吗？

图 5-38 《玄奘负笈图》

图5-39 宋代张择端《清明上河图》局部，注意中间的僧人

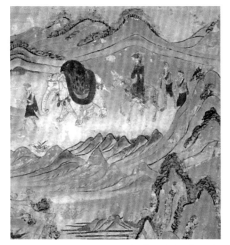

图5-40 盛唐，敦煌103窟《化城喻品》局部

图5-41 西夏，榆林3窟《普贤变》局部

《西游记》中这样写道："师徒们正看碑文，只听得那浪涌如山，波翻若岭，河当中滑辣的钻出一个妖精，十分凶丑——一头红焰发蓬松，两只圆睛亮似灯。不黑不青蓝靛脸，如雷如鼓老龙声。身披一领鹅黄氅，腰束双攒露白藤。项下骷髅悬九个，手持宝杖甚峥嵘。"看完原文可以发现，吴承恩笔下的沙和尚面目可怕，而在影视剧《西游记》里显然温和了许多。

沙和尚之所以与玄奘画像有相像之处，是因为他们可能出自同一个形象——深沙神。

这就需要提到电影里有一段玄奘法师在沙漠里水源断绝的情节。

实际上这段经历远比电影里表现得更为曲折、坚韧和神奇。这里摘录一段《大慈恩寺三藏法师传》中的记载，这段描写极有画面感，似是平叙，却又身临其境，从文字中，我们看不到玄奘的悲切，只有一心向西的执念："是时四顾茫然，人鸟俱绝。夜则妖魑举火，灿若繁星，昼则惊风拥沙，散如时雨……是时四夜五日无一滴沾喉，口腹干燋，几将殒绝……至第五夜半，忽有凉风触身，冷快如沐寒水。遂得目明，马亦能起。体既苏息，得少睡眠。即于睡中梦一大神长数丈，执戟麾曰：'何不强行，而更卧也！'法师惊寤进发……"

这位梦中的大神，就被认为是深沙神。由于西行取经的故事从玄奘本人生前就极受推崇，而后经过世代传颂，到了吴承恩写《西游记》的时候，神话化的取经故事已有基本雏形，其中就有《大唐三藏取经诗话》。《大唐三藏取经诗话》里便提到了深沙神被玄奘

图 5-42　北魏，敦煌 263 窟，供养比丘

图 5-43　西魏，敦煌 285 窟，禅僧

图 5-44　北周，敦煌 428 窟，比丘

图 5-45　隋代，敦煌 280 窟，身着僧祇支 的阿难尊者

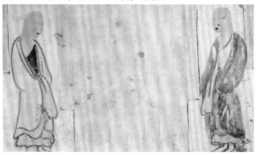

图 5-46　隋代，敦煌 305 窟，男僧（右侧）和女尼

图 5-47　初唐，敦煌 328 窟，身着僧祇支的阿难

降服的事情，尽管已然不是保护神的形象，但是却成了后来沙和尚的原型。不过这里得说明一下，此画与深沙神有关仅为说法之一。

事实上，这种背着竹书架的形象，更多的时候代表了一种行脚僧的模样，在著名的《清明上河图》里就有表现。这幅画的年代与日本那幅玄奘画像相近，整体形象也相仿，可见这种行脚僧在当时应有共同认知的基础。

那么，更早之前的玄奘法师又是怎样的形象呢？或者说，玄奘法师那个时代的僧人是怎样的穿着呢？

通过南北朝时期的各种画像和雕塑，我们不难发现早期的佛像十分具有异域风情，连带着僧服也非常具有外来色彩。但是对中国来说，几乎所有外来文化都无法"独善其身"，必然会遭到本土文化的改造和影响，所以僧服的汉化、世俗化进程也一直在推进。

玄奘法师所处的时代是初唐，隋唐时期正是僧服汉化和世俗化的成熟时期。最重要的一个特征就是，僧服从原来的披覆左肩的样式逐渐变成了对称的交领样式，也便是我们现在更熟悉的那种僧服样式。

在隋代出家，却在唐初西行的玄奘法师，或许刚好见证了这个过程。又或许他十几年后归来，看到的是与他离去时已有所差别的僧服。无论如何，相传玄奘高大俊美，以初唐的阿难尊者的雕像模样相比或可以窥见一二。

《西游记》结束于唐僧取到真经，但是对真实的玄奘来说，他真正的人生却开始于取经归来之后。

回到长安后，玄奘花费了极大的心力完成这些经书的翻译工作，还口述完成了《大唐西域记》。在玄奘之前，不少经书已有人翻译，但是译本之间往往出入很大，所以玄奘才西行求法，以求原典。许多经书虽然早已有所流传，但是却因他的重新翻译才更广泛地流传开来。关于这部分成就的影响，在樊锦诗的《玄奘译经和敦煌壁画》里有详细叙述。

可能当时玄奘取经的故事还未像后世那样流传广泛，所以敦煌壁画里关于玄奘取经题材的画并不多，仅有的几幅也只是后人根据猜测绘制，更不是独立成画的。只能说离西行的年代越远，故事就越具有神话色彩。

此去经年，人事几番新。玄奘在西行路上结交的人，归来时早已逝世，甚至于途经的一些国家，回来时也已覆灭。所以那时的人为什么信佛？或许就是因为世事易变、人心莫测，想求一分恒定不变的理想来慰藉自己吧。

《妖猫传》：满满的盛唐 bug

如今很多人都知道，我们的古人并不披头散发，然而一部自诩"重回盛唐"的大制作电影偏偏要去踩这个雷区——《妖猫传》里出现一个披头散发的白居易，真是不大明智。

从剧照看，角色其实也是有束发造型的，包括其他角色也有束发造型。那么部分披发造型很有可能是一种符合角色特定阶段的设计，通过披发和束发来表现角色的一些设定。不过在我看来，其实这个问题可以忽略，因为比这个问题更严重的是，古人不分贵贱，几乎都不会裸着发髻出门。

另外我们从剧照中可以看到，角色所穿的圆领衫在脖子处露出一圈白色。这种因为圆领本身比较低而露出穿在里面的领子比较高的衣服的现象，在后世很常见，但是在唐代却基本看不到。之所以会这样，是因为后世会在里面穿着宽领子的斜襟或对襟的衣物，而唐人里面搭配的要么是圆领，要么就是领子细窄的衣服。

图 5-48　盛唐，敦煌 103 窟

图 5-49 盛唐，敦煌 45 窟，画中几人是强盗

图 5-50 日本正仓院 唐散乐浑脱半臂

撇开圆领制作是一件相对比较有技术难度的事情不说，只说视觉上最显而易见的东西，唐代男子穿着圆领衫这一显著特征总应该抓住才对，不然怎能说是"重回盛唐"呢？

影视剧里的人物大多不会真的按照古人那样穿着，而是出于视觉考量做一些拼凑，如果只露出领子部分，那就在里面穿个假领子。这种做法在戏曲中很常见，因此水衣、中衣的思维极为深入人心。

不知道从何时起，在圆领前面订上一个硕大的图案便成了唐代男装的标配，而且图案设计也一个比一个难懂。到了《妖猫传》，我已经彻底看不懂了。

这里面的图案设计应该来自于那张被误会很深的《唐太宗立像》（见前图 1-65 图①），但是之前我详细阐述过，这很可能是一幅明代装束的后世画作，并不能作为唐代服饰参考。就算以这张年代错误的画像作为依据，那么图案装饰也应该是两肩各一，正中前后各二。像《神探狄仁杰》以及《大唐荣耀》的服装就是基本按照这个路线设计的。而《妖猫传》的思路中采用的倒更像是"胸背"，也就是后世"补子"的前身。

在唐代虽然已经萌生了用鸟兽图案表示级别的做法，但它不是后世的补子形态（不是补子那样一坨坨的独立单元纹样），而是颇有西域色彩的对兽、对鸟样式。

《妖猫传》里还有一位"从日本远渡前来唐朝的女性"，她的衣着应该是两个选择，要么入乡随俗穿唐代的衣服，要么就还穿日本的服饰。然而《妖猫传》却给这位女士送上了一件"山寨版"的现代和服。

与和服一样"捉襟见肘"的袖长，本身就十分不符合中国服饰对于袖长的普遍做法，还不像和服那样收袪，以至于袖子的里子全翻出来了。

除了这位日本女性，还有一位日本僧人。日本僧人有两身行头，一身是日本的，一身是中国的，其中日本的那身是五条袈裟和直缀（前面介绍过，这是日本的名称，与中国直裰不一样）。事实上，日本的佛教流派复杂，采用的僧衣很不同，根据场合采用的也不一样。而中国版的僧衣就是最普通的中国僧衣样式。

问题来了，中国僧人并不是一千多年都穿得一样，他们的衣服有一个逐渐汉化、世俗化的过程。从敦煌莫高窟里的造像看，盛唐时已经趋近完成，但是依然会有一些外来风格遗存，而且袈裟的披挂方式也与现在有很大区别，更不用说露出来的里面的僧衣，也和现在的款式不同。

之所以把女装部分摆在最后，是因为这里往往是问题集中的"重灾区"。这部电影里，女装的首要问题是两个女性角色的服装风格不尽相同，杨贵妃的衣着相对于她的地位来说，服装是有些简陋了，而角色春琴的服饰显得接地气多了，因为用的是这几年唐代影视剧必选的"齐胸襦裙"。但就算她自己的衣服，风格竟然也有差异，有一张在秋千上的剧照，衣服很像是"山寨版"的汉服。

再有，两个女性角色的发髻不仅创了新"高"，还要在那么高的地方横插一根扁方的东西，而这个饰物的装饰性和实用性都大可商榷。

图 5-51　盛唐，敦煌 328 窟

图 5-52　盛唐，敦煌 327 窟

图 5-53 空海画像

图 5-54 阿斯塔那出土侍女图

① ②

图 5-55 女舞俑（东京永青文库藏）

图 5-56 唐代深 图 5-57 唐代锦
蓝色菱纹罗袍 绣花卉纹绫袍

作为一台不太完善的"人肉文物识图机"，我绞尽脑汁地想，到底在唐代眼花缭乱的发型里，哪个可以跟这个发型匹配呢？想来大概有两个：东京永青文库收藏的一件女舞俑，以及阿斯塔那的侍女图。不要嫌弃不像，这已经是能找到最像的了。

想起以前看到过一份关于《大明宫词》造型设计的说明，意思是说剧中武则天那高高的发髻象征着她的野心。那么，《妖猫传》给杨玉环梳这么高的头发，就不知道是有什么打算了。

唐代影视剧里抹不去的日本影子

基于一些客观因素，以唐代为时代背景的影视剧可能会多多少少地参考日本相关方面的内容。这可以理解，但如果借鉴得太多，就有问题了。本节就讲讲三部唐朝的影视剧里面那抹不去的日本影子。

武则天，把你的头饰摘下来

先来吐槽一下《武媚娘传奇》里的那些日本元素，或者说，科普一下日本舞伎的头饰。

在说艺伎的问题之前，需要先厘清一些大家普遍存在的错误常识。有人说的对，韩日是我们最熟悉的邻居，却也是认知偏差最大的邻居。

图 5-58　和风发饰

比如有些人看到"伎"字就会想歪，但日本的舞伎与艺伎都是所谓的卖艺不卖身，不同于游女（日本的妓女），而层次比较高的游女被称为"太夫"或"花魁"。之所以提这个，因为本剧当中武则天的一些造型，其实更大程度来自于太夫的造型——真是让人无语……

此外，女主角头上的很多装饰也来自于舞伎与艺伎。舞伎与艺伎的区别是，舞伎更为年轻，是艺伎的见习阶段。网络上常见的装扮华丽的"艺伎"其实是舞伎，真正的艺伎打扮十分朴素，并且从舞伎入门到成为艺伎，资历越深装束就越朴素。所以，剧中使用的其实是舞伎的装饰，而且是资历很浅的"一年级"舞伎。

比如"一年级"舞伎所用的垂帘就是最受影视剧喜爱的。在《武媚娘传奇》里，从年少的武媚娘到后来和皇帝在一起的武皇后，都用了这种垂帘。然而舞伎也好、艺伎也好，她们的垂帘与花簪都是有一定章法的，而中国古装剧中的演绎却是五花八门。

舞伎的发饰除了布花所制的垂帘外，另一边还会有金属垂帘。一般布花垂帘在左，金属垂帘在右，左右是相对于舞伎而言。《武媚娘传奇》里也采用这种一边布花垂帘一边金属垂帘的布局，不过是水平翻转的。

舞伎也有两边都佩戴金属垂帘的造型。正如前面提到的那样，舞伎的造型是有章法的，这种两边佩金属垂帘的造型是在正式成为舞伎后三天会梳的头发（其实资历最浅）。

此外，在《武媚娘传奇》中还常见一种布花头饰，下面会垂有金属垂帘。这种将两者合二为一的头饰，当然也并非此剧首创。我非常怀疑这些连定制都算不上，因为此类花簪在网上也有很多，制作甚至远比剧组的精美许多。

除了头饰，发型也有"山寨"之处。舞伎一般梳的发型被称为"桃割"，显著特点就是额头正中有一个很像桃子的凸起，是用真发梳成的。日本的许多发型不论是真发还是假发套，都可以看到头发被分成左中右三绺，并且上下也分层。这是深受中国女子传统"三绺梳头"的影响。

聊发型是为了说明，尽管两者的梳理结构相似，可能外观也有相似之处，但也只能说日本发型有受中国影响的地方，却万万不能直接将日本的发型照搬过来，并认为这是中国的发型，甚至说这就是中国历史上有的发型。这里面缺乏直接考据，不够严谨。

杨贵妃：弹法错误的琵琶

《王朝的女人·杨贵妃》里的琵琶恐怕看过电影的人一定不陌生吧，女主角在首映现场都不忘把琵琶拿出来秀一下。

这把琵琶的原型叫"螺钿紫檀五弦琵琶"，出自日本正仓院。说到许多唐代物品的文物参考，就经常会提到正仓院，这是因为，中国唐代时期的文物不论传世还是出土的都很少（相对于其他朝代来说），正仓院是日本奈良时期的仓库，以东西保存得好而出名，所以不想对着残件苦苦思索怎么复原，或者想弄得很华美的话，去正仓院参考一下，总是错不了。不过不要以为奈良时期或者平安时期就完全对应唐代，它们之间还是有时间差的。

这部电影里仿制的琵琶是日本圣武天皇时期（公元724年至749年）的收藏。它的特别之处在于，琴弦不是四根而是五根，并且琵琶不是曲项而是直项。

因为史书上说杨贵妃精通音律，所以杨贵妃弹琵琶的影视剧场面并不鲜见。不过可惜，在《王朝的女人·杨贵妃》里，琵琶做得是精美多了，但是女主角却用一种极其现代的方式来弹琵琶。

很多人都忽略了，在正仓院里，不仅有琵琶，还有拨子。所以，那时的琵琶其实是用拨子弹奏的，也不是直抱弹奏。如隋代张盛墓出土的"小乐队"中，就有曲项琵琶和直项琵琶两种。

除了这个琵琶，从日本学来的还有长拖尾的衣服——看看它的样子，很像加长了的十二单（和服的一种），只不过这次加了两根好像霞帔的东西而已。可是十二单最后拖地的部分不是它的衣服，而是它的"裳"。

图 5-59 《韩熙载夜宴图》局部，画中女子在用拨子弹奏琵琶

①

②

图 5-60 隋代张盛墓出土的"小乐队"

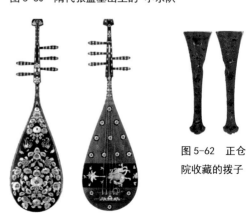

图 5-62 正仓院收藏的拨子

图 5-61 日本圣武天皇时期的琵琶

聂隐娘：繁华到墙壁都不刷漆的大唐

"谁也没去过唐朝，尤其是一千二百年前聂隐娘所处的中晚唐社会。"《刺客聂隐娘》的设计师曾经写过这样一句话。

没错，谁也没去过唐朝，可是唐朝并非无迹可寻，比如有真真切切的唐风建筑，也有实实在在的中唐资料，都可以拿来作为参考。不过，到聂隐娘所处的时期，胡风已经不那么盛行了，所以要区别于唐初。

与以往在服饰上拼命堆砌日本元素不同，这次《刺客聂隐娘》的角色终于脱下"和服"了。估计是因为角色里有一个日本人，大家不能一致穿平安装束了。不过公映的时候，这个角色的戏份被删除了。

我一直很好奇一件事，是不是一定要穿得一身黑才能叫刺客，建筑一定要各种原木色才能叫岁月感？大家需要这么给唐代节省颜料吗？还有人说本片"还原了一个繁华极尽的大唐"，可是，你见过繁华到墙壁都不刷漆的大唐吗？

真实的唐代建筑，无论如何，都比电影里的好看得多。

图 5-63　根据壁画复原的房屋

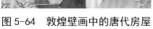

图 5-64　敦煌壁画中的唐代房屋

图 5-65　阿斯塔纳女俑

《清平乐》：有趣的宋代服饰细节

《清平乐》的背景年代为宋代。虽然宋代距今年代较为久远，但是保留下来的画作和发掘的古墓却有不少，有些画还是我们十分熟悉的名作，所以有许多图像资料可以参考。在如今古装剧越来越重视历史还原、文化传承的大背景下，模仿古画中的服饰已经不是一件太难的事情，探究服饰的细节才更有趣。本节就让我们探寻有趣的宋代服饰小细节吧！

奇怪的腰带

《清平乐》发定妆海报的时候我就留意到，剧中宋仁宗的腰带做得很优秀，有一点历史真实的影子。

图 5-66　宋仁宗画像

图 5-67　隋墓壁画中腰带是交叠在一起的

图 5-68　《历代帝王图》中朝上的"尾巴"

图 5-69　宋高宗画像，注意腰带"尾巴"的长度

从海报上看，宋仁宗身前似乎有两圈腰带，其实这是一根非常长的腰带绕身一圈半以上形成的错觉。这种腰带的形制与如今的腰带十分相似，一头有带扣，但是长度惊人，系的时候要将多余的长度别在身侧或者身后。

从宋代以前的图像资料中可以看到，一开始这种长腰带系的时候重叠部分很贴近，潼关税村隋墓壁画中的腰带就是多余的部分交叠在一起的，这符合我们的日常习惯；但从唐代开始，"尾巴"的处理开始变得多样化。日剧《大佛开眼》中也有类似情况，国内有人说这个"尾巴"必须朝下垂在后面，否则就有犯上的意思。据孙机先生考证，古画中向上向下的情况都有，只是后来形成习惯，基本都向下了。

其实只要看看宋代画作，就知道为什么后来"尾巴"都向下了，因为人们开始在意它的装饰性。从宋代张确夫妇墓出土的俑线图，可以明显看到腰带的系扎方式。事实上，宋代的腰带绕得比《清平乐》中的要高，垂下的"尾巴"也比《清平乐》中的要长，可以想象一下，如果让它朝上，能好看么？

而留下来的宋仁宗画像里，他系的腰带还要多一层小机关，就是在已经那么长的腰带前面还接了一截。在画像中可以明显看到，他正前方腰带有扣眼的部分似乎是独立于整条腰带的。对比一下辽代陈国公主驸马合葬墓出土的腰带就可以发现，的确有这种一长一短的腰带组合，短的那条有扣眼，用的时候接在长的那条腰带的带扣前面。

图 5-70 宋代张确夫妇墓出土的俑线图，可以明显看到腰带的系扎方式

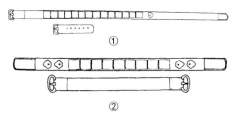

图 5-71 辽代陈国公主驸马墓出土的两组腰带，①组两条腰带长短不同，②组腰带中，一条两端都是带扣，另一条两端都是"尾巴"

是不是觉得特别麻烦，有种多此一举的感觉？古人也觉得麻烦，所以后来就没人那么用了。

不仅如此，这种绕圈圈的腰带后来可能仅在明代公服上还有所保留，以至于清朝人和你对这种服饰有一样的误解，经常把它画成颜色不同的两条腰带，甚至在戏服上做出一条假的装饰性腰带，然后再把另一条套上，视觉上形成两条腰带的样子。这种做法很像今人对着古人画像胡做戏服。

这种腰带没有流传下来，流传下来的是另一种现代人更没怎么见过的腰带，在《清平乐》里也有出现。在小皇帝出场的时候，他身上的腰带有两个对着的带扣，身后有两个"尾巴"。它的组合形式是两条腰带扣在一起，一条腰带两端都是带扣，另一条腰带两端都是"尾巴"，对称好看又方便。

很多实用配件的最终走向都是形式化，这种腰带就是一个例子。在宋代它还有实用性，而到了明代，虽然常服（明代礼服的一种）中也使用这种腰带，但不再用两个带扣来调节，而是在前面中间暗暗做了一个插扣，直接套着穿。所以明代的这种腰带其实是很宽松的。

明代的这种宽松腰带后来的走向我们也很熟悉，因为它变成了戏曲里的"呼啦圈"，穿戴它的人出来唱两句的时候要用手扶着这个圈。

图 5-72 明代《沈度春荫调鹤图小像卷》局部

图 5-73 　《歌乐图》局部

图 5-74 　宋仁宗皇后画像身边的宫女

戴花的男人

在曹皇后的第一桩姻缘里，婚礼当天，她老公的帽子上戴满了花。

实际上，古代男人戴花是很常见的事情，并非是婚礼时才戴的。宋代就是个男人极喜欢戴花的年代，皇帝摆宴席的时候还会赐花给官员，收到赐花的官员就得戴着花回家去，虽然不算值钱，但也是一份荣耀。

不过也有人觉得这样不太好意思，司马光就不太喜欢戴花，但是皇帝赏赐的又不能抗拒，那就别别扭扭地戴一朵吧。不仅如此，司马光还把自己的内心吐槽写了下来，表示自己不是那种喜欢华糜的人，但皇帝给了不能违抗，才戴一朵意思意思。

宋代簪花的习俗不仅在宫廷中流行，民间也一样盛行，并且文人还赋予了这些花卉以人格，宋词中随处可见用花比人、比情的写法。

宋人所戴的花卉一般有两种，鲜花和人造花。后者具有常开不败的优点，可以将不同季节有特色的花卉合并在一起进行表达，称为"一年景"。在宋仁宗皇后的画像中，两侧站立的宫女头戴幞头，幞头之上高耸花冠，这便是十分隆重的一年景。

四季是古人很重要的主题，我们在服饰纹样书中经常可以看到不同季节的花卉集中在一起的纹样，南宋黄昇墓就出土过这样的文物。甚至于"四季仕女"也是一个很突出的意象，黄小峰就曾撰文，怀疑《虢国夫人游春图》和《捣练图》是四季故事里的"春""秋"两幅，也有学者对《簪花仕女图》从一年景的角度进行过探讨。

戴花这种与自然连接又被重新赋予了社会意义的举动，在宋代盛极一时，赐花也从司马光的别扭到后来成为莫大的荣耀。参加宫廷宴席可以得到赏赐的花，在宴席上崭露头角也可以得到花，就像是不同等级的荣誉证书。后世的状元郎、新郎官都是要戴花的，其实就是一种簪花礼仪化在后世的残留。

图 5-75 　《徐显卿宦迹图》局部

显瘦的宋代女装

不论是之前的《知否知否应是绿肥红瘦》，还是如今的《清平乐》，在宋代服装上最为缺失的是宋代女装。

剧中格外喜欢仿造《韩熙载夜宴图》里的装束，这偏好着实令我迷惑。明明宋代女装极具特色，即使用今天的眼光去打量，也仍十分具有现代感，直接拿来穿的效果也会很好，何必又追溯到五代呢？

图 5-76 　《清明上河图》中的女子

从《清明上河图》里不多的女性人物就能看到这种极具宋代特色的女子装束：女子们穿着对襟合领、两侧开衩、修身窄袖的上衣，发髻简单，下身穿着裤子。

宋代女子装束在《瑶台步月图》里可以看得更为真切一些。在图中可以看到她们头上不仅梳着发髻，还有的人头上戴着冠子。有的女子衣襟敞开，可以看到抹胸。她们的整体形象十分纤细清瘦，与我们在古装剧里见到的形象大不相同。

图 5-77 　《瑶台步月图》局部

图 5-78　《歌乐图》局部

图 5-79　南宋黄昇墓出土的女子上衣

图 5-80　《瑞应图》局部

可以说，宋代女子装束最大的特点就是显瘦，《清平乐》中的女子服饰只对最外层的衣服进行了仿造，却没有将裙子换成裤子，袖口也过大，即便女演员们都很苗条，但最终效果还是和宋代审美相去甚远。这点在张贵妃这个角色出场后对比更为明显，舞女装束明显仿自《歌乐图》，但只仿了配色。《歌乐图》中，女子所穿的外衣褙子长至脚面，开衩很高，虽然穿着细密的褶裙，但也只比边上穿裤子的宽大一点点。其实《瑞应图》里的后宫女子也是这种装束，居于主位的女子戴着冠子，衣饰却不见格外华丽。

如今以宋代为历史背景的古装剧十分兴盛，无一不主打宋代审美，却错过了如此有特点的装束，不得不说是一种遗憾。

《大明王朝1566》：
高分也救不了的
低星服饰

以我看影视剧的经验来说，烂片的服饰基本好不到哪里去，但好片也没有为服饰保驾护航的底气，只因古代服饰这一课，今天的影视行业真是全体不及格。

很遗憾地告诉大家，《大明王朝1566》这部高分好片里的人物服装造型，其实没一个符合历史。

图 5-81　孔府旧藏　斗牛补团领衫

图 5-82　孔府旧藏　赤罗朝服

图 5-83　清中期石青纱缀绣
八团夔凤纹单褂

图 5-84　孔府旧藏　五梁冠

图 5-85　孔府旧藏　乌纱帽

这部剧主要是官场戏，从皇帝到官员的服饰，历史里都有清楚的记载，哪怕实际情况略有出入，也不会偏离特别多，所以这就很方便进行对比了。

剧中官员们头上的官帽，想必看过剧的人都会有印象吧。说实话这个奇怪的头冠我想了好一会儿才反应过来，它可能是"笼巾"。一般影视剧里的确不多见，反正明代古装剧本来也不多。

关于它的描述，《明史·舆服志》里是这样写的："文武官朝服：洪武二十六年定凡大祀、庆成、正旦、冬至、圣节及颁诏、开读、进表、传制，俱用梁冠，赤罗衣，白纱中单，青饰领缘，赤罗裳，青缘，赤罗蔽膝，大带赤、白二色绢，革带，佩绶，白袜黑履。一品至九品，以冠上梁数为差。公冠八梁，加笼巾貂蝉，立笔五折，四柱，香草五段，前后玉蝉。侯七梁，笼巾貂蝉，立笔四折，四柱，香草四段，前后金蝉。伯七梁，笼巾貂蝉，立笔二折，四柱，香草二段，前后玳瑁蝉。俱插雉尾。驸马与侯同，不用雉尾。"它的实际模样可以从明代的画像中看到，和这段描写可以对应上。

然而，古代服制在礼服方面比较复杂，往往根据场合不同而有不同的礼服。明代官员有朝服、公服、常服等，对这些名字不要望文生义，因为朝服不是上朝穿的，公服也不是办公穿的，常服更不是平常时候穿的，要把它们理解成专有名词。其中，朝服的用途是"大祀、庆成、正旦、冬至、圣节及颁诏、开读、进表、传制"时穿的，而笼巾正属于朝服。

不过笼巾要更特殊一些，因为它并非一品到九品的官员穿的，而是有爵位的公、侯、伯及驸马用的，戴在一般官员会戴的梁冠之外。更重要的一点是，笼巾不是《大明王朝 1566》里那样简易，它真实的模样不仅更复杂，而且还有其他各种配件来共同组成。

应该说，《大明王朝 1566》的服装设计师似乎意识到笼巾是盖在梁冠外的，但是他们设计的梁冠又实在太不像真正的梁冠，倒比较像明代很早就不用的通天冠。不过做的质量并不好，更像古装剧打包团购的服饰，一抓一大把的那种。

本剧有一个角色叫徐阶，他在历史上留下了对应的画像，可以和本剧的服装进行比对。这么一比就可以发现，剧里的穿着和画像里的简直是两个"世界"。

梁冠应该搭配朝服，而朝服从视觉上来说极为朴素，于是服设便把它搭配到常服系统里去了。常服其实才是我们概念里的官服：头戴乌纱帽，身穿团领衫，前后各有一个方形补子。然后就出现了本应在不同系统里两种冠搭配了同一种服饰的荒唐事。

然而明代的乌纱帽是素黑的，连中间的白色帽正都没有。明代的团领衫更是只装饰了前后两块补子而已，剧中领口袖边的装饰纯属画蛇添足，肩膀上的系带除了平添累赘之外其实并不实用。

图 5-86　杨洪像

图 5-87　明代水陆画里的紫府帝君

图 5-88　明代官员的常服像

图 5-89　戴梁冠、穿朝服的画像

图 5-90　戴笼巾、穿朝服的画像

大明服饰自有它的气象。本来以明代官服资料之完备，不应该犯那么多错误。固然《大明王朝1566》是十几年前的剧了，然而近两年的影视剧如《女医·明妃传》里的明代服饰还原也并没有更好一点。而且我们会发现，真实历史中的服饰甚至没有我们想象中那么繁复，明代尤其如此。也就是说，那些莫名其妙的装饰的费用原本可以省下来，去造一个更具气象的大明王朝，这真的让人感到可惜……

图 5-91　徐阶穿朝服、戴梁冠的画像

图 5-92　《徐显卿宦迹图》局部

《海上牧云记》：身不由己的皇帝，欲罢不能的黄袍

《海上牧云记》作为一部自造世界的古装剧，服装方面别的问题尚可忽略，最主要的问题出在了皇帝身上，所以本节我们就聊聊"黄袍"的那些事儿。

隋唐流行黄袍

一般讲服装用色的文章，往往会提到一点古人的"五行"配色问题，但实际上，影响服装用色更多的却是染色的难易程度，这是一个技术问题。古代使用天然的材料染色，所以可以获得的颜色并不多，而且因为面料材质的不同，上染程度和色牢度也有所不同。简单说来就是，色少，麻烦，易掉色。再就是天然染色其实污染也很大，天然并不等于环保哦。

这其中，黄色算是一种比较容易获得的颜色，这就使得黄色的衣服非常容易获取。所以从这个角度上来说，黄袍理应不是被禁绝的衣服。

图 5-93　《步辇图》局部

图 5-94　唐代阿史那忠墓壁画

图 5-95　阿斯塔那唐墓出土宦官俑

隋唐时期，黄袍也的确是很流行的衣服，如《旧唐书》中记载：隋代帝王贵臣"多服黄文绫袍，乌纱帽，九环带，乌皮六合靴。百官常服，同于匹庶，皆着黄袍，出入殿省"。从这段文字可以看出，不仅是皇帝、大臣喜欢穿黄袍，"百官同于匹庶"更说明平民也爱穿。通过一些唐墓壁画和出土文物也明显可以感受到黄袍流行于底层的痕迹。

由于唐代皇帝延续了隋代的习惯，所以也多穿着黄袍，后来渐渐出于避讳的原因，就开始禁绝其他人穿着。

《旧唐书》云："武德（唐高祖李渊的年号）初，因隋旧制，天子宴服，亦名常服，唯以黄袍及衫，后渐用赤黄，遂禁士庶不得以赤黄为衣服杂饰……六品已上，服丝布，杂小绫，交梭，双纠，其色黄。六品、七品饰银。八品、九品鍮石。流外及庶人服䌷、絁、布，其色通用黄。"由这段记载及唐代文物，我们了解到一个事实：和我们想象的不同，禁绝的不是整个黄色系，而是某种特定的黄色，这种特定的黄色就是赤黄色，《新唐书》里写作"赭黄"，另外也有写作"柘黄"的。

那么赤黄色是什么样子的呢？大约就是《步辇图》里唐太宗衣服的那种颜色，是一种带红色的黄，与我们后世理解的黄袍相差甚远。

宋代的"黄袍加身"

将黄袍与帝王联系在一起，且令人念念不忘的，恐怕要得益于著名的赵匡胤"黄袍加身"的故事了。很可惜的是，现存宋代帝王留下的画像中，皇帝穿着的主要颜色是红色和白色两种。

那么，"黄袍加身"究竟是怎么回事呢？大概有两种解释，一是"黄袍加身"是一桩模仿事件，二是这个黄袍指的是赭黄袍。

真实的历史上，第一个"黄袍加身"的人并非是宋太祖赵匡胤，而是后周太祖郭威。《旧五代史》："军士登墙越屋而入，请帝为天子。乱军山积，登阶匝陛，扶抱拥迫，或有裂黄旗以被帝体，以代赭袍，山呼震地。"从记载中可以发现，当时郭威加身的是由裂下来的黄旗替代本应该加身的赭黄袍。所以，到宋太祖的时候就来了一场"模仿秀"，由于这两次事件的时间离得很近，很容易引起人们联想吧。

其实用赭黄袍代称君王，早已是共识了，所以才会有这样的事件发生。比如杜甫《戏作花卿歌》里的"绵州副使著柘黄，我卿扫除即日平"，任希夷《扈从朝献四首》里的"礼官前导赭黄袍，陟降灵宫九陛高"等。

皇帝究竟是不是穿黄袍或者只穿黄袍，以及别人能不能穿黄袍，这些都要从典籍和文物里去寻找答案，而不是凭一个典故就妄下结论。

什么时候开始禁绝黄袍

在网上搜索这个问题，很多搜索结果显示是从唐代开始禁绝黄袍的，不过我倒认为是发生在明朝。为什么呢？

很多文章引用了以下这段史料，《唐会要》："上元元年八月二十一日敕：一品以下文官，并带手巾、算袋、刀子、砺石。其武官欲带者，亦听之。文武三品以上服紫，金玉带，十三銙；四品服深绯，金带，十一銙；五品服浅绯，金带，十銙；六品服深绿，七品服浅绿，并银带，九銙；八品服深青，九品服浅青，并鍮石带，九銙；庶人服黄铜铁带，七銙。前令九品已上，朝参及视事，听服黄。以洛阳县尉柳延服黄夜行，为部人所殴。上闻之，以章服紊乱，故以此诏申明之。朝参行列，一切不得着黄也。"

如果只看最后一句，的确会令人以为这是禁绝黄袍的开端，然而阅读整段文字以后就会发现，这不仅不能说明禁绝黄袍，相反说明了唐代时期黄袍穿着的普遍性。由于黄袍实在是太流行了，导致无法从服色判断一个人的品级，"为部人所殴"。皇帝听后感觉到了服制的混乱，所以下了一条"一切不得着黄"的命令，前提是"朝参行列"。整件事有起因，有动机，也有范围，不能断章取义地拿出来一句就乱用，更何况唐代那么多文物证据摆在那里。

图 5-96　均为宋徽宗像

图 5-97　明英宗像　　　　图 5-98　明神宗像

图 5-99　雍正画像

应该说，比较明确的禁绝黄袍的规矩出现在明代。

《明史》有载："洪武三年，庶人初戴四带巾，改四方平定巾，杂色盘领衣，不许用黄。"开始了从禁绝某个特定颜色扩展到一整个色系的转变。而明代留下来的无论官员还是庶民的容像，也的确几乎不见黄色系的服装。

帝王之黄

前面我们已经说过了，黄袍最早是赤黄色，但是我们在影视剧里看到的却大多是明黄色，究竟后来发生了什么呢？

尽管没有确切的宋代图像资料，但是我们从文字可以看出宋代依然是赤黄色。

明代的帝王画像则比较多地呈现出两种黄色，一种是较深的赤黄色（古代色号不唯一，因为天然染色的效果难以恒定），也就是唐代以来的帝王之黄，另一种比较浅的是大家比较熟悉的明黄色。

尽管如此，从流传下来的明代帝王画像看，两者当中还是赤黄色用得多一些。也许这时你会充满怀疑地问："不对呀，印象里明明浅一点的黄色更常见，怎么会赤黄色更多呢？"这是因为，明代前期的几位皇帝画像确实都是浅色的，而他们的故事比较著名，出镜率就高一点，到了后面大概就改回到赤黄色了。

真正令帝王之黄变得明亮起来的，是清代。这种更加明亮的黄色形成了后来人们对黄袍的印象，但这种印象的历史其实本来很短暂。而戏曲的"衣箱化"（所谓"衣箱化"，指的是戏曲为了让观众识别人物身份，会给每个角色一套固定的服饰设定，这种设定侧重于强调角色身份而不是真实性），则加深了"黄袍代表皇帝"的印象。

所以大家就会发现，在古装剧的世界里，不管是架空背景还是确有历史的背景，帝王穿浅黄色的黄袍成为最不可撼动的一条规则，而太子这样靠近权力中心的人，也往往会被发放一件黄袍以显示地位。

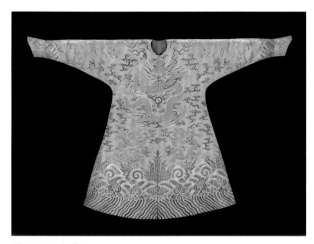

图 5-100　皇袍

黄袍之所以成为"衣箱化"里最不可撼动的一条，是因为皇帝虽然真实存在，却是普通民众接触不到的。所以人们对皇帝的塑造，既不能像天上的玉皇大帝那样天马行空，也不能过分遵照历史。为什么呢？很简单，因为历史上的皇帝并不需要时时刻刻证明自己的身份，很多时候他们穿着很随意，并不会整天都穿着黄袍，毕竟皇帝也有自己的审美和爱好。

《红楼梦》：
服饰的困惑

《红楼梦》无论写成什么时代背景的故事，都永远不能改变一个事实，那就是作者曹雪芹是一个主要生活在乾隆时期的清朝人。

《金瓶梅》和《红楼梦》这两部明清时代的奇书，在服饰上有一个很有趣的对比。尽管《金瓶梅》的故事并不发生在明代，但是一般认为它的服饰描写如实地反映了明代晚期的情况；而《红楼梦》虽然模糊了时代，却往往被人认为其服饰描写杂糅了清代前期的满汉服饰。这个区别，简单点来说就是，《金瓶梅》的服饰描写可以整套照搬到影视剧中（如果真有人拍的话），然而《红楼梦》的服饰则需要先分辨考证。由于大家对清代服饰的固化印象，导致清前期的服饰总是被人忽视，又或者被归入明代服饰的范畴，似乎明清之

图 5-101 清初《燕寝怡情》其一

图 5-102 清乾隆 缂丝石青地八团龙棉褂，为皇后或皇太后在重要典礼场合时穿着的吉服

图 5-103 清乾隆石青缎绣金龙棉褂。穿着时套在朝袍外，与朝袍和朝裙共同构成清代皇后礼服

间的服饰没有个一刀两断的界限，就算不上朝代更替似的。尤其 1987 年拍摄的影视剧《红楼梦》的成功，令很多人以为该剧中的服饰即小说服饰，也就反映了明代服饰的样貌，不仅造成了对《红楼梦》服饰的印象偏差，更导致了对明代服饰的错误印象。

本节针对《红楼梦》小说里的服饰描写来谈谈这个故事里的穿着是怎样构建的。

避不开的时代：明代还是清代？

小说第三回起，主要人物开始出场，也出现了较为详细的服饰描写。如王熙凤"打扮与众姑娘不同，彩绣辉煌，恍若神妃仙子：头上戴着金丝八宝攒珠髻，绾着朝阳五凤挂珠钗，项上戴着赤金盘螭璎珞圈，裙边系着豆绿宫绦，双衡比目玫瑰佩，身上穿着缕金百蝶穿花大红洋缎窄裉袄，外罩五彩刻丝石青银鼠褂，下着翡翠撒花洋绉裙……"

这段描写里，王熙凤的服饰基本组合是袄裙搭配，这是典型的汉人女子穿衣的习惯。所以有些考证认为她穿着的是八旗少妇装扮是不准确的，旗人女子不穿着裙装。

然而这段文字里的确有清代旗装的痕迹，主要是那件"五彩刻丝石青银鼠褂"（刻丝即缂丝）。皮草是明末开始流行的服装素材，到了清代更是受到追捧。而石青色是一种类似藏青色的颜色，在故宫藏品里十分常见，甚至用于皇帝衮服朝袍，是写入典章中的礼服用色，和明代喜欢饱和度很高的颜色有很大不同。可以说，传统的上衣褂是黑色，正是受到了旗人团褂使用石青色的影响。

褂对旗人来说十分重要，以至于他们的皇后在重大场合所穿着的朝服也有褂，称"朝褂"。朝服属于礼服，比吉服等级更高，并且颜色也是使用石青色。

由于曹雪芹也写了褂下面的袄，所以有很大可能是无袖长褂。当时短的马褂尚未出现，且女性整体服饰流行的衣长也是较长的，而汉人鲜少把上衣称呼为"褂"，这里推测曹雪芹确实使用了旗人的称呼。

事实上，清代前期的满汉服饰常有混杂穿着的现象，尤其在女性服饰上，并没有现代人想象那样两相对立、难以逾越。

在清代《胤禛行乐图》中，有一位女子便穿着汉装，是一条当时比较流行的细密褶的马面裙，整体较为符合书中对王熙凤着装的描写。此外，同一图中还有两个穿着旗装的女子，和一位混杂了满汉装扮的人。

说不清的暧昧：满装还是汉装？

依然是第三回，就在王熙凤后面出场的贾宝玉，作者对他的装扮也进行了详细描写："头上戴着束发（嵌宝）紫金冠，齐眉勒着二龙抢珠金抹额，穿一件二色金百蝶穿花大红箭袖，束着五彩丝攒花结长穗宫绦，外罩石青起花八团倭缎排穗褂，蹬着青缎粉底小朝靴……项上金螭璎珞，又有一根五色丝绦，系着一块美玉。"

这里出现了八团纹样，它在清代后期成为专门的吉服纹样，可视作文中时代为清代前期的佐证之一。因为虽然明代晚期已经出现了八团纹样，但是尚未开始流行石青色，而这两个人物相继出场，性别、年纪、身份都不同，却都穿着石青外衣，可见其流行程度。

这种服饰的源头可以追溯到明代军士所穿的罩甲。而文中所言的"箭袖"更是极具特点，是一般人都不会认错的旗人服饰，也就是我们常说的马蹄袖。

图 5-104　乾隆晚期（图①）和同治、光绪时期（图②）相关绘画刻本里的宝玉形象

图 5-105　马蹄袖

图 5-106　清代《胤禛行乐图》

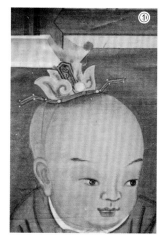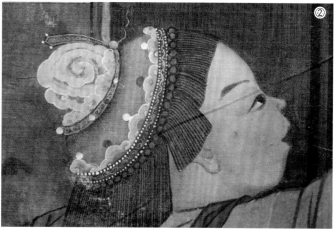

图 5-107　乾隆通景画局部

宝玉去换装，"一时回来，再看，已换了冠带，头上周围一转的短发，都结成小辫，红丝结束，共攒至顶中胎发，总编一根大辫，黑亮如漆，从顶至梢，一串四颗大珠，用金八宝坠角，身上穿着银红撒花半旧大袄，仍旧带着项圈、宝玉、寄名锁、护身符等物，下面半露松花色洒花绫裤腿，锦边弹墨袜，厚底大红鞋"。

这里提到宝玉结了辫子。以前的孩童不会留成人那般长的头发，而是留一圈短发，所以无法束成长辫子，只能结成小辫子了。

曹雪芹并没有在宝玉身上模糊他的服装，反倒很清楚地点出了他身上的可能是旗人家庭孩子的装扮。

总的来说，《红楼梦》中女性服饰描写的基础是汉装，而宝玉的服饰则多次提到箭袖，由于其他男子的服饰描写并不多，所以很难对男子服装进行总体判断。其实这种服饰安排有点像清宫内府收藏的《燕寝怡情》，女装写实的脚步已经与时代相近，然而男装似乎还想维持一种没有清代痕迹的汉装样式。

比如这里，"话说宝玉举目见北静王水溶头上戴着洁白簪缨银翅王帽，穿着江牙海水五爪坐龙白蟒袍，系着碧玉红鞓带。"我们知道，清代的皇室并不戴什么有翅膀的帽子，这段关于北静王的衣着描写其实充满了一种戏曲服饰的味道。而从现在延续下来的戏曲帽子和清代的戏画可知，文中无论指的是哪种王帽，这种装扮都只能存在于当时的戏曲里或曹雪芹的想象中罢了。

世界上最不能强求的便是过去，曹雪芹很难写出距离他近一个世纪的明朝服饰，就如同孙温还原不出半个世纪前曹雪芹笔下的那个世界一样。不过曹雪芹也根本没想写明代，纯粹是我们妄自揣度。

《如懿传》：领约与金约

现下虽然清宫剧十分盛行，但是后妃的礼服却出现得很少。一方面是因为没有出现的必要，后妃礼服本来就是一种只在重大场合出现、一年也穿不了几次的衣服；另一方面，则是它们总是出现得没什么存在感。

譬如《还珠格格》里，礼服不仅出现的场合很随便，搭配也很混乱，即便是在正剧《康熙王朝》里依然是场合莫名、搭配古怪。到了《甄嬛传》里，礼服还混搭了根本不应出现在清宫后妃身上的霞帔，真是令人叹为观止。

这种情况，在《如懿传》中有所改善，不过也并非尽善尽美。那么这部剧里礼服出现的问题是什么呢？总结一句话就是：女主角的主角光环太耀眼了，以至于她的礼服和别人的不太一样。虽然因为角度和虚化的原因看不清楚披领和朝冠，但依然可以非常明显地看到朝珠的珠子直径不一样，领约（脖子上的那圈）与金约（额头上的那圈）的结构也都不一样。

图 5-108 孝贤皇后画像

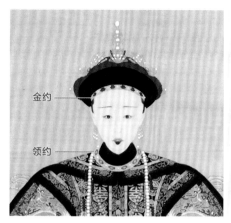

图 5-109 头上的是金约，项上的是领约

图 5-110 乾隆二十四年《皇朝礼器图式》内府彩绘本中的金约

图 5-111 清宫旧藏染骨镶石领约，外径19 厘米，应是清代皇贵妃所用

图 5-112 清宫旧藏金镶青金石金约，外径 21.5厘米，内径 18.6 厘米，串珠已遗失

图 5-113 清宫旧藏金镶青金石领约，直径 22 厘米，图②为关节特写

在项饰一节中曾经说过，领约其实就是项圈。领约的开口在脖子后面，上面那个金色部分有关节可以打开，很好看的垂挂部分也是在脖子后面。金约则戴在额头上，起发箍的作用，所以会在朝冠的下沿露出一条边，它同样有后垂的装饰物。这两种东西看传世实物都是一个整体件，形态有较大区别。

《如懿传》里其他人的领约和金约都被做成了一样的串珠饰物，这点算是瑕疵。而女主的领约整体则有些偏大，这样佩戴难道不重吗？

此外，女主角的金约形态也和其他人的不一样，它有一个向下的弧度。这个形态比较像抹额的样子。当然抹额本身的作用就和金约类似。

之所以这样做，可能是受到了画像的影响。乾隆时期皇后和太后的画像里，金约的确与其他时期不同，有个向下的弧度，但这应该是佩戴方式造成的。再者有可能和著名的《心写治平图》里乾隆帝后的形象混淆了，然而那张图里画的是吉服，也就是我们俗称的龙袍。

既然是礼服，当然处处带着等级的色彩。对于服饰来说，区分等级的依据一般是颜色、材质、纹样、数量等。

比如金约。金约是由金箍和后面的珠串组成的，所以金箍的节数和串珠的行数就表示等级。皇太后、皇后的金约为镂金云十三，串珠五行二就；皇贵妃、贵妃为镂金云十二，串珠三行三就；妃为镂金云十一，串珠三行三就；嫔为镂金云八，串珠三行三就。

又比如领约。领约是由项圈本身与垂在后面的绦组成的，所以嵌珠宝的材质、数量和绦的颜色是它区分等级的标志。

朝珠的数量和形式是固定的，那就用材质区分。后妃所穿的礼服有三盘朝珠，一盘挂在脖子上，两盘交叉成"X"形挂在肩膀。皇后、皇太后的朝珠就是一盘东珠、两盘珊瑚。

看完上面我们会发现，皇后和皇太后享用的是同一个级别，也就是说女主角的皇后时期与另外两个太后、皇后角色的装扮应该是一样的，现在做成了两套样子，显然有些不合适。

图 5-114 孝庄太后画像

图 5-115 崇庆太后画像

图 5-116 《崇庆太后万寿图》里的后妃

图 5-117 清宫旧藏，冬朝冠

再说说清代后妃的朝冠。

作为礼服的主要部分，清代后妃的朝冠其实十分简单，尤其是与之前皇朝的凤冠相比。它基本就是一个帽子上绕了一圈鸟，中间又叠了几只鸟，最后垂一些串珠。所以用以区分级别的就是这些鸟的品种、数量，装饰的层次与材质、数量，以及珠串的数量等。

比如皇后、皇太后的朝冠中间是三层金凤，下面是一圈七只金凤，后面一只金翟，后面的珠串是"五行二就"。《如懿传》中朝冠上的鸟是缀珠，但不是衔珠串。所以帽子上的鸟是比较干脆利落的，垂挂也只在背面有。

最后说一句，无论谁的礼服，都是一年穿不了几次。所以，海报拍完，就赶紧换上日常衣服吧，不然显得太肃穆了。

《延禧攻略》里的云肩：
好东西并不都来自清宫

清宫剧的服装设计比其他朝代更多一个难点，就是必须分清楚旗装和汉装。比如，云肩是汉装元素，在一般情况下不应该出现在旗装装饰里。然而《延禧攻略》里却莫名其妙加了许多有云肩的设计。

应该说，服装上出现云肩要分成两种情况：一种是云肩本身是独立配件，另外加在衣服上面；另一种是云肩融入服装中，成为上面的装饰纹样。这里要说明一点，一般我们说的"云肩"，若无特殊情况，指的是从明末发端一直流行至今仍有遗存的装饰，而此前的云肩则另有所指，只是其含义后来被"覆盖"了。

图 5-118　双层莲花云肩，传世实物

这种云肩是清代汉人女子装束的一个显著配件，云肩的流行甚至改变了一般我们所说的"凤冠霞帔"，将婚礼服饰直接

图 5-119 道光帝孝全成皇后

图 5-120 带云肩装饰的衣服

①

②

图 5-121 使用如意云头装饰的实物，可以看到云肩是服饰装饰的一部分

图 5-122 1890 年的一张婚礼照片

演变成了"凤冠云肩"。也就是说，《延禧攻略》里大量的云肩服饰的使用是完全错误的。

此外，如果大家有印象，我们曾经介绍过一种如意云头的装饰，它与云肩并不一样，要注意区分。尽管云肩也有如意云头式样，但它是放射状的，至少要有四个才能成立。

当然，事情往往不是绝对的，比如我们说旗装无领，那么是不是就真的没有加领子的案例呢？不是，的确有带领子的，有规律就会有特例，且规律也有适用条件。因此，旗装加云肩的案例自然也有，比如清代晚期云肩大量流行以后，旗装也运用了这种元素设计。还有一种情况就是满汉混搭，云肩是直接套上去的。

不过，加了云肩的旗装依然是旗装，因为判断服装要先看整体，再看具体元素。而云肩虽然加在了旗装上，但依然是汉装元素，因为它的源流和体系在汉装里。

清代的云肩十分流行，所以留下来的实物和图像资料都不少。但是旗装搭配云肩的案例依然十分罕有，说明这样的都是特例。

《延禧攻略》中大量使用云肩，只能说明服装设计师在这个问题上产生了混淆。

图书在版编目（CIP）数据

图解中国传统服饰 / 春梅狐狸著. — 南京 ：江苏
凤凰科学技术出版社，2019.3 （2024.3 重印）
ISBN 978-7-5537-9844-8

Ⅰ．①图… Ⅱ．①春… Ⅲ．①服饰文化－中国－图解
Ⅳ．①TS941.12-64

中国版本图书馆CIP数据核字(2018)第272104号

图解中国传统服饰

著　　　者	春梅狐狸	
项 目 策 划	凤凰空间/徐　磊	
责 任 编 辑	刘屹立　赵　研	
特 约 编 辑	徐　磊	

出 版 发 行	江苏凤凰科学技术出版社
出版社地址	南京市湖南路1号A楼，邮编：210009
出版社网址	http://www.pspress.cn
总 经 销	天津凤凰空间文化传媒有限公司
总经销网址	http://www.ifengspace.cn
印　　　刷	北京博海升彩色印刷有限公司

开　　　本	710 mm×1 000 mm　1／16
印　　　张	16
字　　　数	210 000
版　　　次	2019年3月第1版
印　　　次	2024年3月第12次印刷

标 准 书 号	ISBN 978-7-5537-9844-8
定　　　价	99.80元

图书如有印装质量问题，可随时向销售部调换（电话：022-87893668）。